ATLAS

DES

MEILLEURES VARIÉTÉS

DE

FRUITS A CIDRE

PAR

A. TRUELLE (DE TROUVILLE-SUR-MER)

PHARMACIEN DE PREMIÈRE CLASSE
EX-INTERNE LAURÉAT DES HOPITAUX DE PARIS
CORRESPONDANT DE LA SOCIÉTÉ NATIONALE D'AGRICULTURE DE FRANCE
MEMBRE HONORAIRE
DE LA SOCIÉTÉ CENTRALE D'HORTICULTURE DE LA SEINE-INFÉRIEURE, ETC.

CONTENANT 20 PLANCHES CHROMOLITHOGRAPHIQUES DESSINÉES D'APRÈS NATURE

PARIS
OCTAVE DOIN, ÉDITEUR
8, PLACE DE L'ODÉON, 8

1896

INTRODUCTION

Parmi les connaissances dont le faisceau constituera, un jour, la Pomologie cidricole, il n'en est point qui ait suivi, malgré sa lente évolution, une marche aussi régulière et aussi progressive que l'Étude des fruits à cidre. Elle est loin de nous, l'époque où, en quelques mots d'un laconisme obscur, les premiers pomologues cherchaient à fixer les caractères des variétés sur lesquelles ils désiraient attirer l'attention des agriculteurs leurs contemporains ! Et c'est à grand'peine si, au prix d'un travail laborieux, l'on parvient, à l'aide de ces vagues données, à les retrouver dans nos vergers où elles deviennent rares, il est vrai.

Aujourd'hui, sans se flatter d'avoir atteint le summum de l'art descriptif, on peut dire, avec quelque raison, qu'on s'en est approché de très près, et je n'en veux pour preuves que les *Monographies* des Hauchecorne [1] et des Power [2], auxquelles je me permettrai de joindre les miennes [3]. De plus, les descriptions, quelque minutieuses qu'elles soient, sont toujours accompagnées du dessin de la coupe verticale du fruit à laquelle, le premier, j'ai eu l'idée d'ajouter celui de la coupe transversale. Puis, toujours préoccupé de mieux faire, pressé de rendre plus facile et plus prompte la sélection des fruits de pressoir, question d'une si haute importance, on a cherché à vaincre les difficultés en mettant, à toute époque, le fruit lui-même sous les yeux de tous, c'est-à-dire en

1. *Le Cidre*, etc., par A. Hauchecorne et L. de Boutteville. A. Goin, libraire-éditeur, Paris.
2 *Monographies des meilleures variétés de Fruits à cidre*. Lecène, Oudin et Cie, 17, rue Bonaparte, Paris.
3. *L'Art de reconnaître les Fruits de pressoir*, par A. Truelle. Garnier frères, éditeurs, 6, rue des Saints-Pères, Paris.

fixant sur le papier tous ses caractères et les différentes nuances qui composent son coloris.

De ce jour date pour la Pomologie un de ses réels progrès. Mais le fini auquel les dessins coloriés devaient atteindre, ce qui n'allait pas sans une dépense élevée; mais la sélection qui, pour être réelle, ne devait comprendre que des fruits bien étudiés; tout concordait pour limiter le nombre des variétés, ainsi que l'ont fait, du reste, les deux auteurs précités.

D'ailleurs, le choix d'une variété ne laisse pas que d'être délicat : il est très difficile, pour ne dire point impossible, même encore aujourd'hui, de définir exactement ce qu'on entend par *valeur d'une variété*, et, si j'ai donné à cet ouvrage le titre : *Atlas des meilleures variétés de fruits à cidre*, ce n'est pas, je me hâte de le dire, que les quarante variétés qu'il réunit soient les quarante meilleures que l'on possède; mais elles sont choisies parmi les meilleures.

Tout en me gardant de rapporter ici ce que j'ai dit à ce sujet dans un ouvrage récent [1], je ne puis m'empêcher, cependant, de le résumer et de le compléter en montrant qu'il importe de distinguer, dans la valeur d'une variété, la valeur *réelle* de la valeur *apparente;* que, jusqu'ici, l'on ne s'est préoccupé que de celle-ci, tandis que la première permet seule d'effectuer une sélection absolument exacte. La valeur *réelle* d'une variété dépend, à la fois, de l'arbre et du fruit : c'est la résultante du système de ces deux forces dont les composantes sont pour le premier : *vigueur, fertilité, rusticité, adaptation au sol;* pour le second : *la somme des éléments utiles diminuée de celle des éléments nuisibles.* Reste la formule mathématique à trouver, ce à quoi l'on parviendra quand on en connaîtra mieux les termes.

Jusqu'à présent, on ne place parmi les éléments utiles des fruits à cidre et on n'y dose que les sucres, le tannin, les matières pectiques et l'acidité. Si les deux premiers méritent bien ce titre, il s'en faut qu'il en soit de même pour les deux autres que l'on doit considérer, au delà d'une certaine proportion, comme nuisibles. Mais, d'autre part, les fruits à cidre recèlent d'autres principes utiles que les sucres et le tannin : l'*azote*, l'*acide phosphorique*, la *potasse* et la *chaux*, pour omettre, à des-

1. *Guide pratique des meilleures variétés de Fruits de pressoir*, etc., A. Truelle. O. Doin, éditeur, 8, place de l'Odéon, Paris.

sein, la magnésie, le fer, le manganèse et la soude. Or, nul n'ignore le rôle manifeste rempli par ces différents éléments dans les phénomènes complexes de la nutrition et de l'alimentation, d'où il s'ensuit qu'il est de la plus grande importance d'en connaître le pourcentage dans ces fruits qui les transmettront en grande partie dans le cidre. Cette appréciation nouvelle, puisque personne ne l'a encore émise, que je sache, est appelée à jeter une certaine lumière sur bon nombre de variétés et, dans tous les cas, concourt effectivement à établir leur valeur *réelle*.

Il ressort donc de ce qui précède que, ne connaissant pas encore tous les facteurs de la valeur réelle d'une variété, on ne peut dire exactement : telle variété est meilleure que telle autre, car, en parlant ainsi, on prend la partie pour le tout, la valeur apparente pour la réelle. Et le parfum ? et le terroir ? que je me contente de mentionner, ne pouvant en doser l'influence qui est pourtant si notoire !

Ces restrictions formulées, il serait ridicule de nier que, les sortes indiquées comme les meilleures ne se distinguent pas des autres par des *qualités maîtresses* qui sont la raison même de leur dénomination, la seule qui m'ait inspiré dans le choix que j'ai fait pour cet *Atlas*. Et en cela rien que de naturel, une variété est meilleure qu'une autre pour sa fertilité, pour sa richesse saccharine, pour son quantum tannique, pour son parfum, mais non pour toutes ces qualités à la fois. Le *fruit complet* existe-t-il ? J'en doute, et, d'ailleurs, je ne l'ai point encore rencontré. Je dirai plus, l'attribut *complet*, pris dans toute son étendue, n'évoque pas à mon esprit quelque chose de bien précis, puisqu'on n'est pas en mesure, comme je l'ai dit plus haut, d'évaluer sa valeur réelle, et, le fût-on, il y manquerait encore les deux facteurs importants qui échappent aux réactifs : le parfum et le terroir. Or, un fruit peut être excellent, chimiquement parlant, supérieur même, produire un cidre d'un rendement alcoolique élevé : 10 à 12 0/0, et déplaire aux consommateurs, précisément parce qu'il manque de moelleux, de parfum, de bouche, enfin ; ou bien encore, parce qu'il laisse au palais un goût de terroir plus ou moins désagréable.

Un fruit ne peut être dit complet, le parfum et le cru lui étant favorables, qu'autant qu'il possède les qualités essentielles du produit que l'on veut obtenir. Le fruit complet, pour la préparation du cidre mousseux ou en bouteilles, ne doit point avoir la même composition que celui qui est destiné à la consommation en fût ou à la production de l'eau-de-vie. Pour les cidres en bouteilles, il faut une proportion moyenne de tous les éléments constituants, peu d'amertume et surtout beaucoup de parfum ; pour les seconds destinés à la consommation des habitants des grandes villes, il s'agit de trouver une combinaison heureuse où chacun des principes soit en proportion telle que, de leur réaction mutuelle, il résulte une boisson agréable au palais, susceptible d'être transportée et de se conserver sans aigrir, la dureté étant surtout l'écueil à éviter plus encore que l'amertume. Enfin, dans le dernier cas, il ne faut se préoccuper que de la richesse saccharine associée au parfum, s'il est possible. Je ne connais point de variété qui, seule, réponde à chacun de ces buts, mais ce qu'il est difficile de demander à une seule variété peut être obtenu plus facilement du mélange de plusieurs. C'est pourquoi la sélection qui préside à la composition d'un verger doit avoir cet objectif en vue, et n'accorder droit d'entrée qu'à des sortes aptes à produire les trois genres de cidres précités. On y parviendra par le groupement d'espèces de moyenne et de haute densité à côté desquelles je demanderai l'adjonction de trois à quatre *variétés aqueuses, mais excessivement fertiles.*

Il importe que l'on sache bien que les cidres agréables, toutes choses égales d'ailleurs, ne sont produits que par des fruits à densité moyenne et que l'obtention des jus des sortes à haute densité nécessite souvent l'intervention de l'eau. Or, trop souvent, l'eau est le véhicule de la plupart des germes morbides, et l'hygiène publique gagnerait beaucoup à ce qu'elle fût proscrite de la préparation des cidres et remplacée par l'addition d'une quantité déterminée de pommes aqueuses et parfumées.

Telles sont les vues en conformité desquelles les quarante variétés qui composent cet ouvrage ont été choisies ; j'aurais pu en augmenter le nombre, j'ai préféré me limiter à celles que j'ai le plus étudiées. Les meilleures variétés de poires viendront plus tard.

L'*Atlas* comprend trois chapitres.

Chapitre I. *Monographies.*

Chapitre II. *Du mélange rationnel de ces variétés pour la préparation du cidre.*

Chapitre III. *De la répartition des variétés pour la composition d'un verger de mille pommiers.*

Le chapitre premier constitue, à lui seul, presque tout l'ouvrage ; il comprend toutes les *Monographies*. Chaque variété est étudiée, au point de vue historique, synonymique, descriptif et analytique. Les détails les plus circonstanciés sont donnés sur l'arbre et la meilleure manière de le propager; sur la valeur du fruit, sur l'époque de la maturité à l'arbre et au grenier; sur le temps qu'il faut l'y laisser et le moment le plus favorable pour le brasser. La partie analytique comprend l'analyse du jus et de la pulpe; les moyennes indiquées sont toujours tirées d'un grand nombre de dosages effectués pendant une suite de quinze années; ce sont donc des résultantes autorisées des variations provenant de la nature des terrains, de l'âge des arbres et des différentes phases de la maturité. J'y ai joint souvent la composition centésimale du jus et de la pulpe. Les qualités et les défauts de la pulpe sont mis en évidence : il en résulte la connaissance de l'aptitude ou non de la pomme aux transports et celle du jus à la création de *marques* de cidre bien *spéciales*. La densité du fruit a été déterminée ainsi que son coefficient de déperdition; par là, le cultivateur peut évaluer la perte qu'il aura à subir du chef de la garde au grenier. Enfin, chaque étude se résume par l'indication des qualités maîtresses de l'arbre et du fruit et de sa meilleure destination; elle se complète de la façon la plus frappante par les dessins coloriés qui montrent l'ensemble du fruit pris pour type et sa coupe verticale. Ces dessins, dont le fini et l'exactitude ne laissent rien à désirer, sont dus à M. Lefèvre, l'artiste bien connu qui a illustré plusieurs ouvrages pomologiques importants.

Puissent les agriculteurs, que la culture du pommier et la vente de ses produits intéressent à un si haut degré, accueillir favorablement les conseils exprimés dans cet ouvrage! Ils en retireront une source certaine de revenus, et moi, le triomphe des idées qui me sont chères : *la sélection judicieuse des fruits de pressoir et la propagation universelle du cidre grâce aux marques les plus renommées!*

A. Truelle.

Trouville-sur-Mer, ce 6 mai 1895.

ATLAS

DES

MEILLEURES VARIÉTÉS

DE

FRUITS A CIDRE

CHAPITRE PREMIER

MONOGRAPHIES DES MEILLEURES VARIÉTÉS DE POMMES A CIDRE

Les nombreuses variétés issues du pommier mûrissent leurs fruits à des dates différentes que l'on a groupées, avec assez de raison, en trois époques baptisées du nom de « saisons » : première, deuxième et troisième saison. Pour les pommes, la première saison comprend celles qui atteignent leur maturité à l'arbre en août et septembre, vers le 15, au plus tard ; la deuxième, celles qui, mûres à l'arbre en octobre, terminent néanmoins leur maturité, dans ses dernières phases, au grenier, vers la mi-novembre ; enfin la troisième réunit les pommes qui, enlevées de l'arbre, en novembre, avant leur maturité et avant les gelées, ne l'atteignent que dans le grenier après un séjour dont la durée est comprise entre décembre et mars ; toutefois, la période la plus utilisable, tant au point de vue du rendement que de la qualité du produit, ne doit pas dépasser la mi-février.

Les études que je poursuis depuis 1877 sur les fruits de pressoir m'ont appris que, parmi les bonnes variétés, il en est un certain nombre qui se distinguent encore par des qualités réellement spéciales qui les mettent hors de pair ; et c'est sous cette inspiration que j'ai choisi dans les trois saisons les variétés désignées ci-dessous, en tenant compte dans ma sélection de l'importance de chacune de ces phases de la maturité. La première saison compte 3 variétés ; la seconde, 16 ; la troisième, 21.

PREMIÈRE SAISON

1. Blanc-Mollet	2. Doux-Évêque précoce	3. Précoce-David

DEUXIÈME SAISON

4. Bataille	8. Boutteville (de)	12. Doux-Normandie	16. Matois rouge (gros)
5. Bérat amère	9. Bramtot	13. Godard	17. Médaille d'or
6. Binet rouge	10. Cimetière de Blangy	14. Joly rouge	18. Ploermelaise (La)
7. Bisquet	11. Citron	15. Launette jaune	19. Rossignol

TROISIÈME SAISON

20. Amer doux d'hiver	26. Fréquin-Audièvre	32 Michelin	37. Rousse-Latour
21. Amère de Surville	27. Fréquin tardif	33. Muscadet (Petit)	38. Rousse de l'Orne
22. Bédan	28. Gerbaudais	34. Peau de Vache nouvelle	39. Suie (Petite)
23. Binet blanc	29. Grise-Dieppois		40. Vimont (de)
24. Bouteille	30. Marin-Onfroy	35. Reine des Pommes	
25. Doux-Véret (Petit)	31. Meaugris	36. Rosine	

PLANCHE I

PREMIÈRE SAISON

Fig. 1. — BLANC-MOLLET

Fruit jaune, amer-doux, très bon.

Historique. — Variété très ancienne citée pour la première fois par le marquis de Chambray dans la *Liste des pommes du département de l'Eure;* puis, par différents auteurs : Louis Dubois, *Du pommier*, etc. Paris, 1804; Renault, *Notice sur la culture du pommier*, etc. Paris, 1817; Odolant-Desnos, *Traité de la culture des pommiers et des poiriers*, etc.; de Brébisson, *Annuaire des cinq départements de l'ancienne Normandie;* Couverchel, *Traité complet des fruits*, etc.; Du Breuil et Girardin, *Cours élémentaire d'Arboriculture*, etc. Elle est très cultivée et très estimée dans la plupart des centres cidriers.

Synonymes. — Le Blanc (Orne et Calvados), Grande-Vallée (Manche), Morelle (Somme), La Blanche, Gros-Blanc, Petit-Galop, Ferrand, Petit-Jaunet, Vagnon Blanc, Gros-Gerard, Ganette, Blanc-Doux, Amer-blanc, Gros-Gannet, Blanche hâtive, Gris-Mollet, Guibray.

Arbre. — Assez grand, rustique, fertile, vigoureux. Branches charpentières élancées; mais le bois fin et grêle a une tendance à s'abaisser facilement. Tête plutôt arrondie que pyramidale. La floraison a lieu vers la deuxième quinzaine d'avril; les fleurs redoutent un peu la gelée. On peut reproduire cette variété par la greffe en pied; mais la greffe en tête est préférable.

Fruit [1]. — Dans mon classement des Fruits à cidre il appartient à la classe III : Fruits jaunes; 3e groupe : fruits moyens; 1re catégorie : fruits plats. Fruit moyen; épiderme *jaune*, légèrement verdâtre, pourvu d'un pointillé gris roux répandu. Il présente parfois comme irrégularité un côté plus développé que l'autre; il est mamelonné, il possède *deux aspects* et *deux formes : plate* et *conique*. Base *variable*, souvent égale au sommet du fruit, rarement un peu plus large. Œil gros, fermé, dans un bassin très irrégulier, assez profond, pourvu de nodosités dont plusieurs se continuent au delà en mamelons prononcés. Pédoncule variable, tantôt long, tantôt court, de grosseur moyenne, inséré dans une dépression profonde, irrégulière, peu marbrée de roux. *Coupe verticale :* L'œil descend *profondément*. Le cœur, irrégulier de volume, varie en raison de la forme des fruits; tantôt large, tantôt étroit. L'endocarpe est généralement placé assez haut; les loges, plutôt longues et étroites, sont souvent géminées.

1. Voir l'*Art de reconnaître les Fruits de pressoir*, Garnier frères, libraires-éditeurs, 6, rue des Saints-Pères, Paris, ou chez l'auteur à Trouville-sur-Mer (Calvados).

La pulpe est blanche, fine, *douce-amère*, bien *parfumée*. Le jus est très coloré, mais la fermentation l'en dépouille en grande partie. La *Blanc-Mollet* appartient au type GIRARD ; on ne saurait cependant la confondre avec elle, car la Blanc-Mollet est d'un *volume supérieur*, sa *forme est plus conique* et sa *pulpe* est *beaucoup plus amère*. Elle se rapproche aussi très près des variétés d'Août, Guibray et Gris-Mollet. On pourrait même la confondre avec cette dernière; mais celle-ci a des marbrures d'un gris plus roux, une *forme plus aplatie*, des *mamelons plus nombreux*. La Blanc-Mollet type est celle de la Seine-Inférieure; transplantée, notamment dans le pays d'Auge, elle présente assez rapidement des différences sous le rapport du volume qui augmente; cette particularité doit certainement résulter de l'influence du sol.

Mûre en septembre, cette variété demande à être brassée presque aussitôt; il ne faut pas lui accorder plus de huit à dix jours de grenier, et encore cela dépend du moment de sa récolte et de l'année.

Analyse moyenne rapportée à un LITRE de JUS et à un KILO de PULPE.

Densité	1060.5	
	gr.	gr.
Sucres réducteurs (Interverti et lévulose)	107.589	93.278
Saccharose	10.342	9.628
Sucre total exprimé en glucose fermentescible	128.014	104.000
Tannin	3.023	1.690
Matières pectiques et albumineïdes	19.666	4.600
Acidité totale exprimée en acide sulfurique monohydraté	1.360	0.760

La densité moyenne du fruit est 0,734.

Les *qualités maîtresses* de la Blanc-Mollet sont : pour l'*arbre*, la *fertilité;* pour le *fruit*, le *parfum*. Elle possède tous les éléments requis pour préparer seule un bon cidre, mais il est préférable de ne point le tenter avec les fruits de première saison. Elle rendra plus de services en servant aux recoupages, et d'autant plus que l'abondance des matières pectiques contre-balancera la dureté des cidres anciens. Voilà le cas où l'utilité si contestable de ces principes devient évidente. Dans le cas, cependant, où l'on passerait outre, le cidre de la Blanc-Mollet est digne de figurer dans le groupe « marque *amère-douce parfumée* » tout au début, car l'amertume s'y trouve heureusement dissimulée par un parfum agréable et un certain moelleux, qualités qui, réunies, constituent un cidre « ayant de la bouche ».

Fig. 2. — DOUX-ÉVÊQUE PRÉCOCE

Fruit jaune, doux, très bon.

Historique. — Très ancienne variété, d'origine inconnue, mais déjà citée par Julien de Paulmier dans son *Traité du Vin et du Sidre*, etc. Tous les pomologues lui consacrent des lignes élogieuses ; au reste, elle est cultivée dans les

PLANCHE I

Première Saison

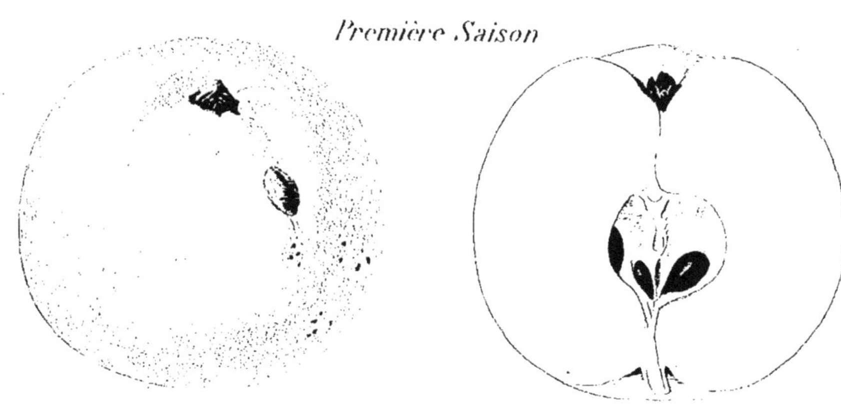

Fig. 1. Blanc-Mollet

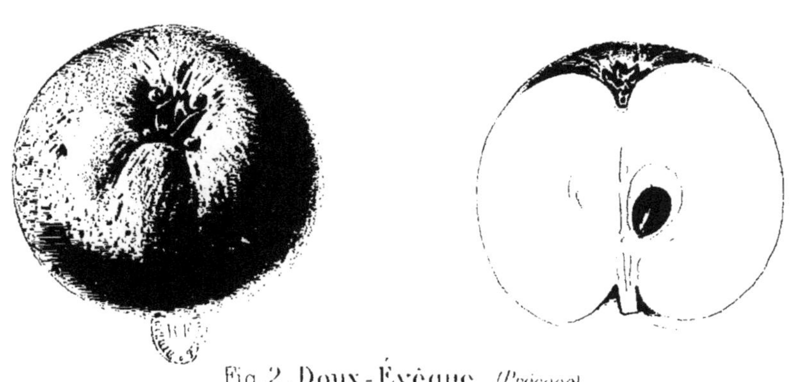

Fig. 2. Doux-Évêque *(Précoce)*

A. LEFEVRE Pinx^t   Lith. MONROCQ

Imp. sur Zinc MONROCQ à Paris

centres cidriers les plus divers, notamment en Normandie. Seulement, comme la plupart des anciens fruits, sa profusion lui a valu des noms différents; on l'a souvent confondue avec plusieurs variétés.

Synonymes. — Primitivement : Doux-aux-Vespes, Doux-aux-Vêpes (de Dulce-Vespis, parce que cette pomme douée d'un parfum suave était souvent attaquée par les guêpes), le nom devint Doux-Auvesque, Doux-Auvesques, Doux-Evêque, etc. On lui donne encore les suivants, selon les localités : Doux-Revel, de Rivière, etc.

Arbre. — Fertile, assez rustique, vigoureux, mais le bois menu a l'inconvénient de s'abaisser sous le poids des fruits. Les branches charpentières sont cependant très montantes. La floraison a lieu vers la fin mai. Vigoureuse encore en dépit de son ancienneté, cette variété se perpétue plus vite, cependant, par la greffe en tête que par celle en pied.

Fruit (Classe III : Fruits jaunes ; 3e groupe : fruits moyens ; 1re catégorie : fruits plats ; 1re section : forme plate). — Peu irrégulier, légèrement oblique, *nettement mamelonné*, parfois côtelé. Deux aspects : obconique et plat; FORME PLATE. Base *plus large* que le sommet. Épiderme *jaune*, nuancé de vert, pointillé de gris roux, assez carminé. Œil moyen, souvent ouvert, dans un bassin très irrégulier, plutôt étroit, peu profond, très plissé, renfermant six à dix nodosités très marquées, indices d'autant de mamelons ou de côtes, selon les fruits. Pédoncule court, de grosseur moyenne, inclus dans la cavité fissurée, évasée. Pourtour peu marbré de roux. *Coupe verticale :* L'œil descend *moyennement.* Le cœur, irrégulier, est étroit, limité par des courbes affectant les formes d'émergence les plus diverses; loges longues, étroites. *Coupe transversale :* Circonférence irrégulière, six à huit saillies assez prononcées; faisceaux sépalaires et pétalaires *non anastomosés.*

La pulpe est blanche, presque fondante, *douce, parfumée*, juteuse. Le jus est bien coloré.

Cette variété n'est autre, malgré son qualificatif de « précoce », que la Doux-Evêque de la Seine-Inférieure, que l'on considère encore comme le prototype, et les modifications que l'on constate tant sur la nuance que sur le volume proviennent, selon moi, de l'influence du sol et du climat. Au reste, si je n'étais restreint pour la place, je prouverais que la Doux-Auvesques a été trouvée par Julien de Paulmier « en Cotentin », et que le pays d'Auge, qui en est plus rapproché que la Seine-Inférieure, a tout autant de raisons que cette dernière région pour prétendre à posséder la vraie Doux-Evêque. Il existe aussi une Doux-Evêque tardive. Elle appartient au type GIRARD.

Elle mûrit dans les premiers jours d'octobre et demande à être brassée tôt, la garde pouvant développer outre mesure ses composés pectiques.

Analyse moyenne rapportée a un litre de JUS.

Densité	1076
	gr.
Sucres réducteurs (Interverti et lévulose)	129.870

Saccharose	29.179
Sucre total en glucose fermentescible	160.584
Matières pectiques et albuminoïdes	15.000
Tannin	1.332
Acidité totale exprimée en acide sulfurique monohydraté	1.210

Cette variété, comme la précédente, est très utile pour les recoupages; elle possède toutes les qualités voulues pour constituer un cidre de la marque « douce parfumée » ; mais je ne le conseille point, à moins que le cidre ne doive être bu dans le délai de quelques mois.

Coefficient de déperdition. Un kilogramme de fruits assortis a perdu 3 gr. 5 par jour.

Moyennes : Poids, Densité, Volume. Les moyennes de l'année 1890 m'ont donné : Poids = 46 gr. 5; Volume = 61 cc. ; Densité = 0.757.

Les *qualités maîtresses* de la *Doux-Evêque* sont : pour l'*arbre*, la *fertilité;* pour le *fruit*, une *richesse saccharine* au-dessus de la moyenne et un *parfum très fin.* Apte à créer une marque, elle est encore préférable pour « renourrir » les cidres atteints de dureté. *Le fruit prime l'arbre.*

PLANCHE II

Fig. 3. — PRÉCOCE-DAVID

Fruit jaune, doux-amer, bon.

Historique. — Variété d'origine récente, au moins sous ce nom, qui n'est qu'un qualificatif reçu par elle au baptême que lui administra M. David, propriétaire à Saint-Clair, près Yvetot (Seine-Inférieure). On ne possède aucun document antérieur. Elle n'a été décrite jusqu'ici que dans les *Congrès pour l'étude des fruits à cidre;* dans le *Cidre* de de Boutteville et de Hauchecorne; dans les *Monographies*, etc., de M. Power. Il serait intéressant de retrouver son premier nom.

Arbre. — Rustique, sain, vigoureux, fertile. Les branches charpentières sont plutôt dressées qu'infléchies, très ramifiées entre elles, ce qui donne à la tête, selon qu'elles le sont plus ou moins complètement, un aspect arrondi ou semi-pyramidal. Sa vigueur permet de la reproduire par la greffe en tête. La floraison a lieu dans les premiers jours de mai.

Fruit (Classe III : Fruits jaunes; 3e groupe : fruits moyens; 1re catégorie : fruits plats; 1re section : forme plate). — Assez irrégulier, *très déprimé*, oblique, très obconique par suite du développement anormal d'un côté. *Forme plate.* Base *plus étroite* que le sommet. Epiderme *jaune*, parsemé d'un pointillé gris roux, relevé d'une nuance carminée. Œil plutôt gros que petit, ouvert ou entr'ouvert, dans un bassin toujours très irrégulier, profond, très fissuré, pourvu de quelques nodosités, indices de mamelons généralement saillants. Pédoncule *court*, assez gros, inséré dans une cavité presque régulière, étroite, fortement plaquée de gris roux, hérissée de stries plus sombres. *Coupe verticale :* L'œil ne descend *pas;* le cœur, irrégulier, est *très étroit*, limité par des courbes asymétriques émergeant de *différentes façons. Coupe tranversale :* Circonférence irrégulière présentant quatre à cinq protubérances; faisceaux sépalaires et pétalaires *non* anastomosés.

La pulpe est blanc jaunâtre, assez ferme, *douce* quoique relevée d'une *pointe d'amertume.* Le jus est plutôt coloré.

La *Précoce-David* présente certaines affinités avec la Mois-d'Août et la Bon-Ordre; mais son *irrégularité* et l'*étroitesse de son cœur* la différencient nettement.

Elle mûrit en octobre, mais elle est de meilleure garde que les deux précédentes, ce qu'elle doit à la consistance de sa pulpe; toutefois, il faut la brasser dans ce mois, ou au plus tard dans les premiers jours de novembre.

Analyse moyenne rapportée à un litre de JUS.

Densité	1068
	gr.
Sucres réducteurs (Interverti et lévulose)	101.409
Saccharose	45.611
Sucre total exprimé en glucose fermentescible	149.420
Tannin	1.711
Matières pectiques et albuminoïdes	7.500
Acidité totale exprimée en acide sulfurique monohydraté	1.442

La *Précoce-David* donnera souvent des résultats analytiques supérieurs à ceux que j'ai indiqués ci-dessus qui proviennent de récoltes où les conditions climatériques avaient été mauvaises, cette moyenne est un *minimum*. La nature de ses sucres où le saccharose figure dans une proportion notable la recommande tout particulièrement à l'attention. Je la crois digne de faire partie des « variétés à saccharose » dont j'ai expliqué à différentes reprises le rôle et l'importance. Cette pomme remplira avec avantage le même but que Blanc-Mollet et Doux-Evêque; mais, comme elle est plus tannique et moins mucilagineuse, son jus devra être mis en quantité moindre que ceux des deux autres. Elle ferait une excellente marque « amère parfumée », où l'amertume serait juste à point pour relever la saveur. Toutefois, s'il est préférable d'employer le moût de chacune de ces variétés à renourrir des cidres durs, leur mélange effectué dans la proportion de 4/10 Blanc-Mollet, 3/10 Doux-Evêque et 3/10 Précoce-David constituera un cidre très fin. Sa dominante, le *parfum*, relevé par une amertume très agréable au palais par suite du moelleux dû aux matières pectiques, le désignera tout naturellement comme un des types les plus savoureux de la marque « amère parfumée ».

Moyennes : Poids, Volume, Densité. Ces moyennes se rapportent aux fruits de la récolte de 1890. Poids : 56 grammes. Volume : 79 cc. Densité : 0,706.

Les qualités maîtresses de la Précoce-David sont : pour l'arbre, la *fertilité;* pour le fruit, le *parfum* et une *fermeté relative* de la *pulpe* qui en permet la garde pendant un temps plus long que pour les autres espèces similaires. *L'arbre et le fruit se valent.*

DEUXIÈME SAISON

Fig. 4. — BATAILLE

Fruit rouge, amer-doux, bon.

Historique. — Variété assez ancienne, d'origine inconnue, très répandue et très estimée dans le département de l'Orne. C'est une espèce régionale. Le premier auteur qui mentionne ce nom est Renault : *Notice sur la nature et la culture du Pommier*, mais il le donne comme synonyme de Pomme de Fer. Tou-

PLANCHE II.

Fig. 3. Précoce-David

Deuxième Saison

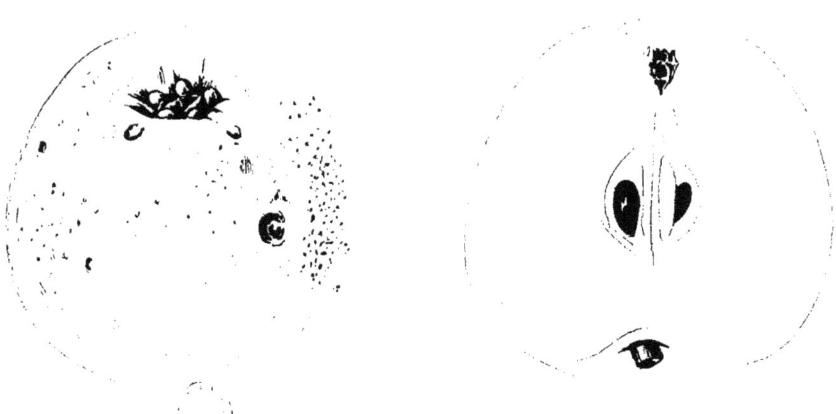

Fig. 4. Bérat - Amer

A. LEFEVRE Pinx.t Lith. Monrocq

Imp. sur Zinc Monrocq à Paris

tefois, la description succincte qu'il en donne ne convient pas à notre variété. Du Breuil et Girardin la citent également dans leur *Liste des meilleures variétés de Pommiers à cidre*, comme synonyme de Pomme de Gros-Cul. Il y aurait une étude comparative à faire entre les variétés appelées de ce nom générique, afin de déterminer les affinités qui existent entre elles et la Bataille.

Synonymes. — J'inscris jusqu'à nouvelles recherches : Gros-Cul, Court-Noué, Grosse fleur de juin.

Arbre. — Rustique, sain, vigoureux, fertile. Branches charpentières fortes, à demi redressées, bois noueux, résistant, ne s'infléchissant qu'à peine sous le poids des fruits. Tête plus arrondie que pyramidale. Floraison dans les derniers jours de mai ou dans les premiers de juin.

Fruit (Classe I : Fruits rouges ; 3e groupe : fruits moyens ; 1re catégorie : fruits plats ; 1re section : forme plate). — Peu irrégulier, *mamelonné* ou côtelé, déprimé, *très plat de forme*, parfois *ovoïde d'aspect*. Base caractéristique : *très rétrécie* et *convexe*. Épiderme lisse, très *plaqué de carmin*, peu ou point vergeté ; pourvu d'un pointillé gris roux et de quelques taches noires. Œil petit, fermé. Bassin très irrégulier, fissuré, profond, présentant six à huit plis accentués ou tout autant de petites perles ou nodosités, assez souvent pédoncule très court, gros, implanté dans une cavité étroite qu'il remplit, dont le pourtour est nuancé de vert. *Coupe verticale :* L'œil descend *moyennement*. Le cœur est *étroit*, assez régulier, limité par des courbes symétriques, émergeant à *angle droit*. Loges longues, étroites. *Coupe transversale :* Circonférence très irrégulière, offrant cinq à six protubérances, faisceaux sépalaires et pétalaires *non* anastomosés.

La pulpe est d'un blanc jaunâtre, fine, amère, mais d'une *amertume très atténuée*, parfumée. Le jus est *très coloré*. Les affinités de la *Bataille* me semblent assez difficiles à bien établir, à cause du caractère saillant et rare de sa base convexe. Est-ce auprès de la *Foire à Dives* ou de l'*Herbage sec* du pays d'Auge ?

Elle mûrit en octobre et se garde très bien, ce qui la place à la fin de la seconde saison ; il ne faut point la conserver longtemps si l'on doit la brasser seule, car son quantum pectique exposerait à un déboire au point de vue du rendement en jus. Pour cette raison, il vaut mieux la réserver pour un mélange où la Cimetière de Blangy et la Joly rouge entreraient dans une notable proportion. Par contre, cette même propriété l'indique comme pouvant supporter le transport.

Analyse moyenne rapportée à un litre de JUS.

Densité	1065	
		gr.
Sucres réducteurs (Interverti et lévulose)		131.676
Saccharose		16.914
Sucre total en glucose fermentescible		149.480
Tannin		4.746
Matières pectiques et albuminoïdes		12.500
Acidité en acide sulfurique monohydraté		1.041

C'est une des rares pommes dont la composition présente à la fois le tannin et les matières pectiques en proportion telle, que ce que l'un et l'autre de ces deux éléments pourrait avoir de nuisible au palais ou à l'œil se trouve neutralisé. La saveur du cidre n'est point celle d'une boisson amère, et sa limpidité ne se ressent en rien de la présence des matières pectiques. Aussi pourrait-on la réserver pour une marque, si l'on avait le soin de brasser les fruits peu de temps après leur récolte; on obtiendrait, avec un peu de surveillance dans la marche de la fermentation, un cidre moelleux, parfumé et pourvu d'une belle nuance *blond rosé* qui manque souvent aux cidres mousseux.

Coefficient de déperdition. — Un kilogramme de ces fruits a perdu 79 grammes en quarante-quatre jours, ce qui donne 1 gr. 79 par jour.

Moyennes : Poids, Volume, Densité. — Ces moyennes se rapportent à la récolte 1891. Poids : 50 grammes. Volume : 69 cc. Densité : 0,720.

Les *qualités maîtresses* de la *Bataille* sont : pour l'*arbre*, la *fertilité* et la *rusticité*; pour le *fruit* : une *richesse saccharine* assez élevée, une *heureuse proportion de tannin et de matières pectiques* dont la réaction, dans le jus des fruits brassés de bonne heure, produit un cidre *limpide*, *moelleux*, *doué d'une belle coloration blond rosé*, apte à constituer une marque très agréable. Toutefois le *fruit prime l'arbre*.

PLANCHE III

Fig. 5. — BÉRAT AMÈRE

Fruit jaune verdâtre, amer doux, bon.

Historique. — Variété d'origine inconnue, locale, spéciale au département de l'Orne où elle est très répandue; se trouve aussi dans les départements limitrophes [1].

Synonymes. — N'en possède pas.

Arbre. — Rustique, sain, vigoureux selon les terrains, fertile. Branches charpentières assez fortement développées, affectant, selon les arbres, une forme arrondie ou semi-pyramidale. Floraison dans la première quinzaine de mai. Bien qu'elle puisse se reproduire par les deux genres de greffe, celle en tête est préférable.

Fruit (Classe IV : Fruits jaune verdâtre; 3ᵉ groupe : fruits moyens; 1ʳᵉ catégorie : fruits plats; 1ʳᵉ section : forme plate). — Irrégulier, faiblement mamelonné, déprimé d'un côté, oblique. Deux aspects : obconique et plat. *Forme plate.* Base arrondie *plus large* que le sommet du fruit, dans la majorité des cas. Épiderme *jaune verdâtre* ou inversement, d'après l'époque de la maturité, parsemé d'un abondant pointillé blanc gris, rarement vert, parfois rayé de carmin et de faibles marbrures gris roux. Œil moyen, fermé, dans un bassin assez large, profond, bien caractérisé par *cinq nodosités distinctes* qui lui font une sorte de *couronne.* Quelques-unes semblent servir de point de départ à des mamelons peu dessinés. Pédoncule affectant deux formes : la première, *caronculaire,* qui est la plus répandue ; la seconde, en forme de *pieu long* assez gros. Dans les deux cas, le pédoncule est inséré dans une cavité qu'il remplit presque complètement et dont le pourtour est plaqué, marbré ou lacinié de gris roux pâle. *Coupe verticale :* L'œil descend *peu.* Le cœur, peu régulier, est *étroit,* limité par des courbes asymétriques, très renflées à leur point d'émergence qui a lieu le plus souvent à *angle droit.* Loges longues, étroites. *Coupe transversale :* Circonférence peu irrégulière, trois à quatre saillies. Faisceaux sépalaires et pétalaires *non* anastomosés, généralement.

La pulpe est *très ferme, douce,* relevée d'une *certaine amertume* qui n'est pas toujours en rapport avec le tannin accusé par l'analyse. Jus coloré, assez parfumé.

La *Bérat* offre un rapprochement avec la Binet grise et la Longuet. Les fruits

1. Voir : *Guide pratique des meilleures variétés de Fruits de pressoir,* etc. O. Doin, éditeur 8, place de l'Odéon, Paris.

les *plus plats*, pourvus d'un plus grand nombre de marbrures gris roux, se placent à la suite de la première; ceux qui sont les *plus obconiques*, les plus jaunes verdâtres, à la suite de la deuxième. La nature de sa pulpe établit encore une analogie avec la Binet grise; du reste, je la range dans le quatrième groupe : type BINET.

Sur la foi de renseignements qui m'ont été donnés par des cultivateurs du département de l'Orne, je l'ai mise dans la seconde saison; mais l'étude que j'en ai faite, dans mon laboratoire, il est vrai, m'incite fortement à la *classer dans la troisième.* Elle possède un coefficient de garde des plus prolongés et peut rivaliser, de ce chef, avec bon nombre de fruits dits tardifs; la fermeté de sa pulpe la rend apte aux transports.

Analyse moyenne rapportée à un LITRE de JUS et à un KILO de PULPE.

Densité	1068	1007
	gr.	gr.
Sucres réducteurs (Interverti et lévulose)	134.264	115.662
Saccharose	7.992	6.098
Sucre total exprimé en glucose fermentescible	142.676	122.080
Tannin	5.751	3.408
Matières pectiques et albuminoïdes	15.500	5.000
Acidité totale exprimée en acide sulfurique monohydraté	1.836	0.942

Analyse centésimale du JUS et de la PULPE.

	gr.	gr.
Eau de végétation et principes volatils à + 100°	83.802	80.800
Sucres réducteurs (Interverti et lévulose)	12.571	11.566
Saccharose	0.748	0.609
Tannin	0.547	0.340
Matières pectiques et albuminoïdes	1.451	0.500
Acidité exprimée en acide malique	0.235	0.128
Sels et divers	0.646	»
Marc épuisé, séché à 100° et sels divers	»	6.057
	100.000	100.000

La Bérat convient pour préparer, seule, un cidre de la « marque amère », mais elle peut rendre plus de services dans les mélanges.

Coefficient de déperdition. — Un kilogramme de fruits assortis de volume, appartenant à la récolte de 1891, a perdu 243 gr. 7 en 75 jours, ce qui donne pour déperdition journalière 3 gr. 24.

Moyennes : Poids, Volume, Densité. — Ces moyennes se rapportent à la même récolte 1891. Poids : 40 grammes. Volume : 55 cc. Densité : 0,726.

Les *qualités maîtresses* de la *Bérat amère* sont : pour l'arbre, la *rusticité;* pour le fruit, un *quantum tannique supérieur de beaucoup à la moyenne*, une *pulpe ferme permettant le transport.* Employée seule, elle peut constituer un cidre « marque amère », mais il est peut-être préférable de la réserver pour les mélanges. *Le fruit prime l'arbre.*

PLANCHE III.

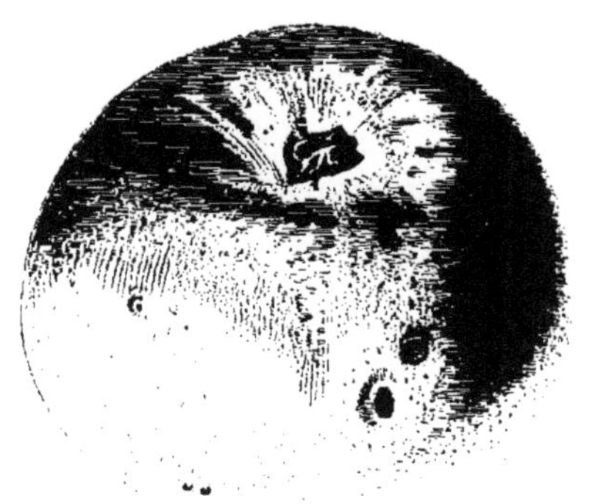

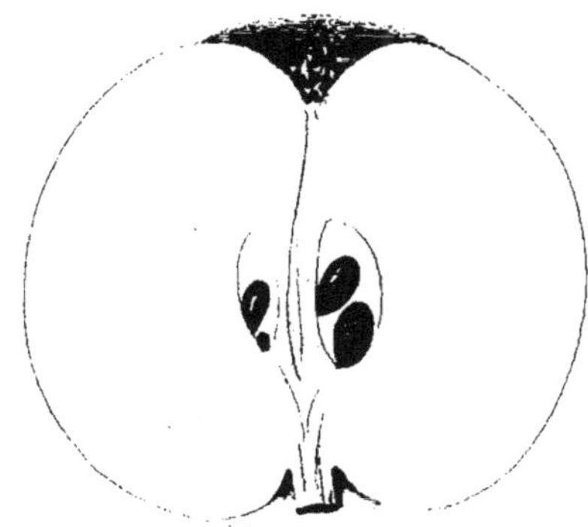

Fig. 5. Bataille

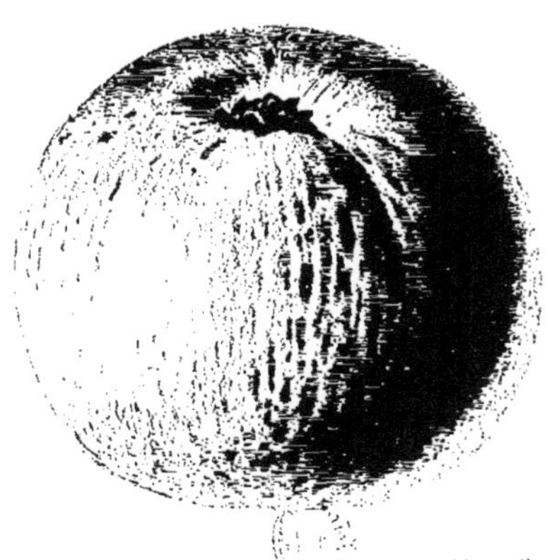

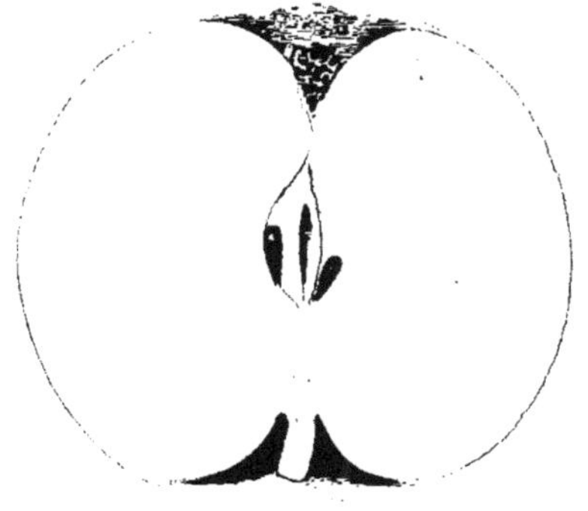

Fig. 6. Binet Rouge

A. LEFÈVRE Pinx.t

Lith. Monrocq

Imp. sur Zinc Monrocq à Paris

Fig. 6. — BINET ROUGE

Fruit rouge, amer-doux, excellent.

Historique. — Variété d'origine inconnue, quoique anciennement cultivée. Peu répandue, il y a une quinzaine d'années, elle commence à se propager un peu partout grâce à la valeur réelle qu'elle possède comme arbre et comme fruit. Son berceau, ou son lieu d'élection, semblerait être, pour Hauchecorne, La Londe, près Elbeuf. Elle sera, d'ici vingt ans, dans tous les grands centres cidriers.

Synonymes. — Inconnus, si elle en a.

Arbre. — Très fertile, rustique, vigoureux ; tête arrondie. Floraison, généralement à partir de la deuxième quinzaine d'avril ; elle craint peu les intempéries. Elle peut être propagée par les deux sortes de greffes, mais on aura des résultats plus rapides par celle en tête.

Fruit (Classe I : Fruits rouges ; 3e groupe : fruits moyens ; 1re catégorie : fruits plats ; 1re section : forme plate). — Assez régulier, *plat d'aspect et de forme, mamelonné*, rarement côtelé. Base *plate, un peu plus développée* que le sommet. Épiderme *lisse*, jaune, à peine nuancé de vert, fortement lavé, plaqué et *vergeté* de carmin sur plus de la moitié du fruit ; pourvu, en outre, d'un faible pointillé gris roux ne donnant lieu qu'à de rares marbrures. Œil moyen, entr'ouvert ou fermé, à sépales connivents, dans un bassin *profond, large*, assez régulier, entouré de petites nodosités, indices, le plus souvent, des mamelons dont quelques-uns descendent jusqu'à la base. Pédoncule très court, de moyenne grosseur, inclus dans une cavité plutôt régulière, étroite, profonde, plaquée de roux pâle, plus ou moins étendu. *Coupe verticale : L'œil descend très profondément dans l'axe.* Le cœur, très étroit, est limité par des courbes généralement symétriques émergeant à *angle droit*. Les loges sont petites, arquées. *Coupe transversale :* Circonférence peu régulière, trois à quatre faibles saillies. Faisceaux sépalaires et pétalaires *anastomosés*.

La pulpe est blanche, ferme, *douce, relevée d'une amertume agréable*, peu prononcée, *parfumée*. Le jus est assez coloré.

La *Binet rouge* présente certaines affinités avec la Bérat rouge dont elle se distingue par une *forme plus plate*, un *coloris moins vif* et l'absence de côtes ; elle tient également de la Belle Cauchoise qui est *moins plate* et dont l'*endocarpe est plus developpé*. L'œil de la Binet rouge descend *très profondément;* celui des deux autres, fort peu. Mais c'est surtout avec la Doux-Lozon qu'un examen superficiel risquerait de la faire confondre. Bien qu'elle appartienne au groupe Binet, elle n'en a pas le vrai type ; je ne lui accorde que des affinités de troisième degré. La Binet rouge, comme maturité, est à cheval sur la deuxième et la troisième saison. Je la range dans les variétés tardives de deuxième saison, mais ne chicanerai point ceux qui la mettent dans la troisième. Rien n'est moins délicat que cette délimitation. Je crois plus prudent de la brasser dans le début de la deuxième quinzaine de décembre. Elle est apte à supporter le transport, surtout lorsqu'elle vient d'être récoltée.

Analyse moyenne rapportée à un LITRE de JUS.

Densité	1075	
		gr.
Sucres réducteurs (Interverti et lévulose)		125.000
Saccharose		48.450
Sucre total exprimé en glucose fermentescible		176.000
Tannin		1.914
Matières pectiques et albuminoïdes		18.000
Acidité totale en acide sulfurique monohydraté		1.260

Cette excellente variété, brassée assez tôt pour éviter un excès de matières pectiques, est apte à constituer un cidre de la marque « alcoolique parfumée ». Je n'insisterai point, pour le moment, sur la teneur en saccharose, n'étant point suffisamment édifié sur sa constance; j'attendrai de nouvelles analyses, car j'attache au taux de ce sucre la plus grande importance.

Moyennes : Poids, Volume, Densité. — Ces moyennes se rapportent à la récolte 1891. Poids : 40 grammes. Volume : 61 cc. Densité : 0,652.

Les *qualités maîtresses* de la *Binet rouge* sont : pour l'arbre, la *vigueur et la fertilité;* pour le fruit, une *haute densité* et une *richesse saccharine élevée;* un *parfum notable.* Cette variété est apte à la préparation d'une marque « alcoolique et parfumée ». *L'arbre et le fruit ont une valeur réelle à tous les points de vue et il serait difficile de dire avec raison qui l'emporte des deux.*

PLANCHE IV

Fig. 7. — BISQUET

Fruit jaune verdâtre, doux, bon.

Historique. — Ancienne variété, très répandue dans le Calvados et dans l'Eure et dont on ignore l'origine. Les anciens auteurs sont muets à son égard; elle est mentionnée pour la première fois par M. Power dans ses *Monographies des meilleures variétés de fruits à cidre*. C'est une des variétés bien spéciales au pays d'Auge.

Synonyme. — Bonne-Chambrière.

Arbre. — Très rustique, très sain, très vigoureux, *excessivement fertile*. Tronc élevé, branches charpentières fortes, poussant droit; bois assez menu, long, flexible, s'infléchissant beaucoup sous le poids des fruits très abondants. Floraison, première quinzaine de mai. Il se propage très facilement par la greffe en pied.

Fruit (Classe IV : Fruits jaune-verdâtre; 4e groupe : fruits gros; 1re catégorie : fruits plats; 2e section : 2 formes, plate et conique). — Gros, irrégulier, *mamelonné* plutôt que côtelé. *Deux aspects et deux formes : plate et conique.* Base *plus développée* que le sommet. Épiderme vert-jaunâtre ou inversement, carminé du côté du soleil, parsemé de quelques petites taches noires. Œil moyen, tantôt à fleur de tête, tantôt dans une cavité, mais dans les deux cas entouré de *nodosités* qui sont souvent le point de départ de mamelons plus ou moins dessinés; pourtour irrégulièrement lavé de gris noirâtre. Pédoncule de longueur variable, le plus souvent court et gros, inséré dans une cavité étroite, peu évasée, profonde, qu'il remplit parfois; pourtour pédonculaire irrégulièrement marbré de gris roux. *Coupe verticale :* L'œil descend *peu* ou *moyennement*. Le cœur, irrégulier, est très variable en raison de la *forme* des fruits : allongé ovoïde, *étroit*, chez les fruits coniques; un peu plus aplati et *moyen* chez ceux qui sont plats. Loges grandes et étroites. *Coupe transversale :* Circonférence très *irrégulière*, cinq à six saillies prononcées; faisceaux sépalaires et pétalaires *non* anastomosés.

La pulpe est blanche, *douce*, faiblement amère, assez parfumée. Le jus est très coloré, d'une intensité nettement supérieure à la moyenne. La Bisquet appartient au troisième type : BOUTEILLE. Toutes ses affinités la placent à la suite de la Bonne-Chambrière, avec laquelle on la confond souvent. Cependant la Bisquet est *moins conique* que la Bonne-Chambrière et, chez cette dernière, *l'œil descend plus profondément dans l'axe.*

La Bisquet mûrit à l'arbre en octobre et, en novembre, au grenier.

Dans les saisons ordinaires, on peut l'y garder jusqu'au début de décembre.

Analyse moyenne rapportée à un LITRE de JUS et à un KILO de PULPE.

Densité	1061	1006
	gr.	gr.
Sucres réducteurs (Interverti et lévulose)	88.918	86.'25
Saccharose	41.453	34.253
Sucre total exprimé en glucose fermentescible	132.710	122.181
Tannin	1.394	0.855
Matières pectiques et albuminoïdes	9.901	8.640
Acidité totale exprimée en acide sulfurique monohydraté	1.498	0.335

ANALYSE CENTÉSIMALE du JUS et de la PULPE (Récolte 1892).

	JUS	PULPE
	—	—
	gr.	gr.
Eau de végétation et principes volatils à + 100°	82.639	79.500
Sucres réducteurs (Interverti et lévulose)	10.466	9.502
Saccharose	4.609	3.694
Tannin	0.246	0.088
Matières pectiques et albuminoïdes	1.195	1.400
Acidité totale en acide malique	0.129	0.035
Sels et divers	1.316	»
Marc épuisé, séché à 100° ; sels et divers	»	5.781
	100.000	100.000
Extrait au bain-marie, 4 heures 30 de chauffe	18.610	15.600

Il résulte des analyses ci-dessus que cette variété est bonne et qu'elle possède une *moyenne saccharine* suffisante ; mais le point important réside dans la nature des sucres qui la composent. Pour ne point me répéter au sujet de la valeur que j'attache à la présence du *saccharose* dans les fruits à cidre, je renvoie le lecteur à mon dernier ouvrage[1].

La Bisquet peut servir à préparer seule un cidre *moelleux;* mais, à cause de sa faiblesse en tannin, il ne serait pas de longue garde ; aussi, est-il préférable de l'employer dans les mélanges, ou mieux encore, peut-être, de la réserver pour la préparation d'un cidre mousseux qui demande des jus de densité moyenne. Seulement, est-elle assez parfumée? Dans tous les cas, on peut, grâce à son coefficient de garde assez long, faire un choix de ses plus beaux fruits qu'on laissera blondir et entrer en possession de leurs différents éthers ; puis, à ce moment, on les brassera et on traitera le jus avec le soin nécessaire pour obtenir une fermentation rapide. Lorsque, après deux soutirages, il sera devenu limpide et ne pèsera plus que 1020 au densimètre, on le mettra en bouteilles[2].

1. *Guide pratique des meilleurs fruits de pressoir*, etc. Chez O. Doin, 8, éditeur, place de l'Odéon, Paris ; et chez l'auteur, à Trouville-sur-Mer (Calvados).

2. Parmi les différentes applications de mon *pomivalorimètre*, la préparation des cidres mousseux est une de celles où il rend les services les plus réels en indiquant les densités que doivent posséder les cidres pour être mis en bouteilles.

Planche IV.

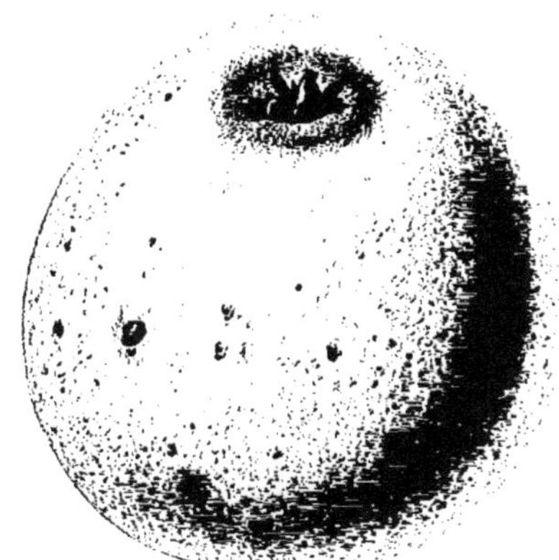

Fig. 7. Bisquet

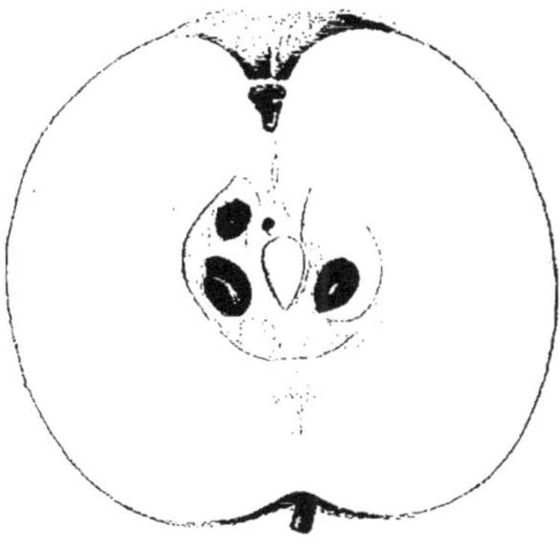

Fig. 8. Boutteville (de)

A. Lefèvre Pinx.t Lith. Monrocq

Imp. sur Zinc Monrocq à Paris

Coefficient de déperdition. — Un kilogramme de ces fruits assortis a perdu 192 grammes en 98 jours, ce qui donne 1 gr. 95 par jour.

Moyennes : Poids, Densité, Volume. — Des fruits appartenant à la récolte 1891 ont fourni les résultats suivants : Poids : 66 grammes. Volume : 93 cc. Densité : 0,712.

Les *qualités maîtresses* de la Bisquet sont : pour l'*arbre*, la *vigueur* et une *grande fertilité* (il peut produire une moyenne annuelle de 2 à 4 hectolitres); pour le *fruit*, une *teneur élevée en saccharose*, ce qui lui constitue une qualité toute particulière et le désigne pour la création d'un cidre marque « doux et moelleux ». Sa place est cependant tout aussi bien marquée dans un mélange où les pommes tanniques lui fourniront l'élément dont il manque un peu. *L'arbre et le fruit sont de valeur sensiblement égale.*

Fig. 8. — BOUTTEVILLE (DE)

Fruit rouge jaunâtre, amer, très parfumé, excellent.

Historique. — Variété nouvelle obtenue de semis par M. Legrand, habile pépiniériste, à qui l'on doit plusieurs espèces de grande valeur. Elle a été décrite pour la première fois par M. Power. Localisée, à son début, dans la Seine-Inférieure, elle est au nombre de celles que posséderont bientôt tous les centres cidriers; elle mérite à tous égards d'être propagée.

Synonymes. — Nuls jusqu'à ce jour.

Arbre. — Sain, rustique et vigoureux; tête semi-pyramidale. Floraison, dans les premiers jours de mai. Il est assez vigoureux pour être reproduit par la greffe en pied.

Fruit Classe III : Fruits jaunes; 3e groupe : fruits moyens; 1re catégorie : fruits plats; 1re section : forme plate. — Irrégulier, mamelonné, souvent oblique. Présente *deux aspects* et *deux formes : conique et plate.* Base *aplatie* plus large que le sommet. Épiderme jaune, lavé, vergeté de carmin plus ou moins (ce qui peut rendre indécis sur la véritable place qu'il doit occuper dans les fruits à épiderme jaune ou parmi ceux à épiderme rouge), parsemé d'un pointillé gris roux et parfois aussi de taches noirâtres. Œil moyen, fermé, dans un bassin très irrégulier, fissuré, plissé, pourvu de huit à dix petites nervures, indices d'autant de mamelons. Pédoncule court, de moyenne grosseur, inséré dans une cavité variable : *étroite* et peu profonde chez les fruits *obconiques;* large et creuse chez les fruits *plats.* Pourtour fortement plaqué de gris roux doré. *Coupe verticale :* L'œil descend *profondément.* Le cœur est irrégulier, *moyen*, limité par des courbes plus ou moins symétriques émergeant à angle droit ou obliquement. Loges petites. *Coupe transversale* : Circonférence irrégulière, présentant cinq à six saillies assez prononcées. Faisceaux sépalaires et pétalaires *non* anastomosés.

La pulpe est blanc jaunâtre, ferme, *amère*, mais d'une amertume agréable au palais et non en rapport avec la quantité de tannin indiquée par l'analyse; ceci doit tenir, comme je l'ai déjà fait remarquer, à la quantité des matières pectiques en présence, et au parfum très fin dont la pulpe est douée. Les matières pectiques n'ont une réelle utilité, à mon avis, qu'autant qu'elles existent côte à côte dans un fruit avec un taux notable de tannin. Mais ce n'est point ici le lieu d'en dire davantage. Le jus, comme l'épiderme, est instable ; il se montre tantôt plus coloré que la moyenne, tantôt moins.

Il est assez difficile de bien classer la *Boutteville* à cause des variations de coloris que présente son épiderme. Les fruits à peau rouge se placent à la suite de la Joly rouge dont ils se distinguent par une moindre irrégularité ; ceux à épicarpe jaune tiennent de la Girard et de la Marabot. L'étude de ses affinités demande à être poursuivie.

On a placé cette variété parmi celles de troisième saison, et, si je la mets dans la seconde, c'est que les différents échantillons que j'ai analysés, en octobre et en novembre, au plus tard, accusaient, à cette date, les phénomènes les plus certains d'une complète maturité. Or, les fruits mûrs au grenier, en novembre, ne sauraient être assimilés à ceux de troisième saison; aussi, jusqu'à preuve du contraire, laisserai-je la *Boutteville* à cette place, en concédant, toutefois, qu'elle peut être dite seconde tardive.

Analyse moyenne rapportée à un litre de JUS.

Densité	1075
	gr.
Sucres réducteurs (Interverti et lévulose)	114.767
Saccharose	53.072
Sucre total évalué en glucose fermentescible	170.600
Tannin	2.745
Matières pectiques et albuminoïdes	9.900
Acidité totale en acide sulfurique monohydraté	1.453

Cette pomme appartient, au point de vue de l'analyse chimique, aux espèces d'élite; sa moyenne indique une bonne proportion de tous les éléments utiles, et notamment du saccharose, et, si je la trouve supérieure à celle qu'exige un cidre mousseux pour être agréable, je la déclare apte à la préparation d'un cidre marque « alcoolique parfumé ».

Moyennes : Poids, Densité, Volume. — Ces moyennes se rapportent à des fruits de la récolte 1891. Poids : 42 grammes. Volume : 55 cc. Densité : 0,753.

Les *qualités maîtresses* de la *Boutteville* sont : pour l'*arbre*, *rusticité* et *vigueur* ; pour le *fruit*, une *richesse saccharine élevée* où le *saccharose* se montre abondant, une heureuse proportion de tannin et de matières pectiques et un *parfum très fin*. Elle est tout indiquée pour la préparation d'un cidre marque « *alcoolique parfumé* ». Le *fruit prime l'arbre*.

PLANCHE V

Fig. 9. — BRAMTOT

Fruit jaune, amer, parfumé, excellent.

Historique. — Variété nouvelle obtenue de semis par M. Legrand; très répandue déjà, elle le sera encore davantage quand tous ceux qu'intéresse la culture des variétés d'élite la connaîtront mieux. Décrite pour la première fois sous ce nom par M. Power dans ses *Monographies*, etc.

Synonymes. — Doit-on lui donner comme synonymes, *Martin-Fessard?* Les avis sont partagés, et si je ne me basais que sur l'étude des caractères du fruit je pencherais pour l'affirmative.

Arbre. — Très rustique, très vigoureux, très fertile. Branches charpentières, fortes et élancées, bien ramifiées; tête pyramidale. Floraison dans les premiers jours de mai. Sa vigueur permet de recourir à la greffe en pied pour la propager.

Fruit (Classe III : Fruits jaunes; 3e groupe : fruits moyens; 1re catégorie : fruits plats; 1re section : forme plate). — Assez régulier, un peu oblique, *mamelonné, côtelé.* Présente deux aspects : obconique et plat; *forme plate.* Base bien *plus large* que le sommet. Épiderme mi-rugueux, *jaune*, à peine nuancé de vert. Œil gros, fermé, dans un bassin irrégulier, très fissuré, évasé, peu profond, pourvu de quelques tubérosités, indices de mamelons prononcés à leur départ. Pédoncule court, souvent gros, inséré dans une cavité plutôt régulière, étroite, peu profonde, plaquée de roux, hérissée de stries plus sombres. *Coupe verticale :* L'œil ne descend pas. Le cœur, assez régulier, est *large*, relevé dans le mésocarpe, limité par des courbes symétriques émergeant à *angle droit. Coupe transversale :* Circonférence très irrégulière, cinq à huit saillies souvent accusées; faisceaux sépalaires et pétalaires *non* anastomosés.

La pulpe est blanche, ferme, *amère*, parfumée. Le jus en est pâle.

La *Bramtot* est bien caractérisée par sa *base très développée*, relativement à son sommet, ainsi que par ses *mamelons*, qui sont parfois accusés au point de mériter le nom de *côtes*. Il me semble assez difficile de la bien classer; c'est plutôt, cependant, dans le groupe Fréquin, si l'on ne considère absolument que la *forme*, bien que la Girard ait des titres assez sérieux au point de vue du *coloris* ainsi que de l'aspect.

Elle mûrit à l'arbre dans la dernière quinzaine d'octobre et peut rester au grenier jusqu'à la mi-novembre, mais il ne faudrait pas dépasser ce délai, de crainte que la pulpe ne devînt cotonneuse. Brassée à temps, elle est juteuse et s'exprime bien. Son jus, comme celui de beaucoup de variétés à épiderme jaune, est *pâle* et ce caractère est d'autant plus frappant, que c'est une pomme amère, et que l'on a attribué au tannin une action manifeste dans la coloration du jus. Il est vrai que le ou les tannins des fruits à cidre sont encore si peu connus!

Analyse moyenne rapportée à un LITRE de JUS.

Densité	1077
	gr.
Sucres réducteurs (Interverti et lévulose)	136.584
Saccharose	31.305
Sucre total en glucose fermentescible	169.536
Tannin	2.877
Matières pectiques et albuminoïdes	3.000
Acidité totale en acide sulfurique monohydraté	2.155

La *Bramtot* est une espèce d'élite dont on ne saurait trop conseiller la diffusion ; sa composition la place au premier rang de nos meilleures secondes. On ne peut que reprocher à son jus de manquer de coloration, et, comme la fermentation en enlève toujours une bonne partie, si on la brassait seule, on obtiendrait un cidre trop pâle aux yeux des consommateurs habitués à une teinte avivée par l'addition de colorants plus ou moins utiles. C'est ce qui me retient pour en conseiller l'emploi dans la préparation d'une marque « amère parfumée », où elle serait tout indiquée sans cela. Quand donc aimera-t-on les produits naturels comme ils sont et pour ce qu'ils sont?

Mais son emploi dans les mélanges avec des fruits mucilagineux, manquant de tannin et pourvus de matière colorante rendra de réels services, surtout si elle est brassée peu après sa cueillette.

Moyennes : Poids, Volume, Densité. — Ces moyennes se rapportent à des fruits de la récolte 1890. Poids : 52 grammes. Volume : 72 centimètres cubes. Densité : 0,720.

Les qualités maîtresses de la *Bramtot* sont : pour *l'arbre*, une *vigueur* et une *fertilité très grandes ;* pour le *fruit*, une *densité* et une *richesse saccharine élevées ;* une *amertume agréable.* Apte à la création d'une marque « alcoolique amère », elle rendra plus de services dans les mélanges. *L'arbre et le fruit ont une valeur sensiblement égale.*

Fig. 10. — CIMETIÈRE DE BLANGY

Fruit rouge verdâtre, doux, bon.

Historique. — Ancienne variété originaire du cimetière de Blangy, chef-lieu de canton de l'arrondissement de Pont-l'Évêque. Très connue dans tout le pays d'Auge et très répandue dans l'arrondissement ci-dessus. Citée par tous les pomologues modernes, elle a été décrite pour la première fois dans les *Congrès pour l'étude des fruits à cidre.*

PLANCHE V.

Fig. 9 Bramfot

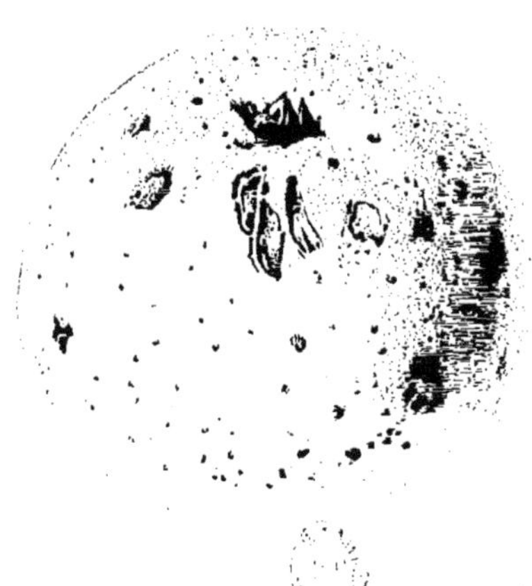

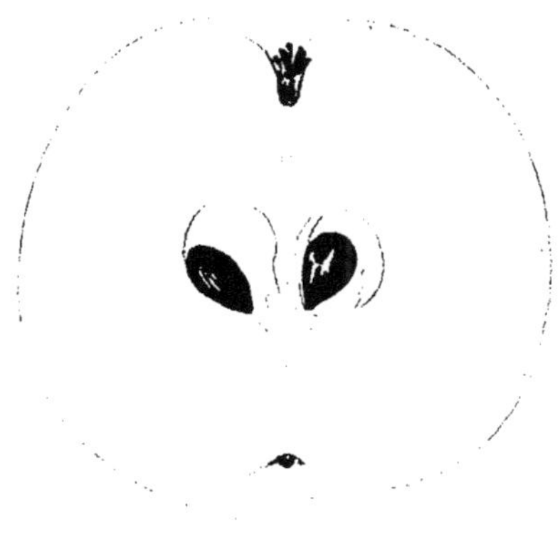

Fig. 10. Cimetière

A. LEFEVRE Pinx.t Lith. Monrocq

Imp. sur Zinc Monrocq à Paris

Synonymes. — Blangy, Blagny.

Arbre. — Très rustique, très sain, très vigoureux, excessivement fertile. Tête horizontale, arrondie ; branches charpentières très fortes ; bois assez gros et ne s'infléchissant pas trop sous le poids des fruits toujours abondants. Floraison vers la deuxième quinzaine de mai. Il est assez vigoureux pour être propagé par la greffe en pied.

Fruit (Classe II : Fruits rouge-verdâtre ; 3e groupe : fruits moyens ; 1re catégorie : fruits plats ; 2e section : deux formes, plate et conique). — Volume moyen, irrégulier, *oblique. Deux aspects, deux formes : plate* et *conique* et même parfois ovoïde. Base arrondie, *très variable, plus étroite, plus large* que le sommet ou *égale*. Épiderme lavé, plaqué de carmin ou de rouge-brique sur un fond jaune verdâtre parsemé de taches noires plus ou moins grandes. Œil grand, entr'ouvert, dans un bassin très irrégulier, étroit, peu profond, plissé et fissuré. Pédoncule très court ou de moyenne largeur, assez gros, charnu, occupant une grande partie de la cavité. Pourtour plus ou moins lavé de roux ; cette nuance est parfois remplacée par la nuance rouge verdâtre. *Coupe verticale :* L'œil descend *profondément ;* le cœur est irrégulier, *étroit* cependant, limité par des courbes plus ou moins symétriques, émergeant diversement et partout à angle droit ; loges géminées petites et étroites plutôt que moyennes. *Coupe transversale :* Circonférence irrégulière, quatre à six saillies accusées ; faisceaux sépalaires et pétalaires *anastomosés.*

La pulpe est blanche, *ferme, douce,* relevée d'une pointe d'amertume, assez parfumée. Le jus est *excessivement coloré* et le cidre en garde une notable coloration.

La *Cimetière* de Blangy appartient au troisième type : *Bouteille;* les affinités ne semblent que du deuxième degré. Elle a aussi quelques affinités avec la Joly rouge. Il existe dans l'arrondissement de Lisieux une sous-variété appelée *d'Orbec* dont les modifications avec celle de Blangy paraissent affecter le coloris qui est plus rouge, le pédoncule qui est plus gros et la saveur qui est plus amère chez la première.

La *Cimetière* mûrit à l'arbre, en octobre ; elle est donc de deuxième saison, mais elle doit à la fermeté de sa pulpe de se conserver longtemps. Elle peut rester au grenier, sans dommage, tout le mois de novembre, surtout si l'on a soin de n'en point faire des tas trop épais. La nature de sa pulpe lui permet les transports et son coefficient de garde prolongé peut donner la raison pour laquelle quelques personnes l'ont placée à tort, selon moi, dans la troisième saison.

Analyse moyenne rapportée à un litre de JUS et à un KILO de PULPE.

	JUS	PULPE
Densité	1051	1005
	gr.	gr.
Sucres réducteurs (Interverti et lévulose)	102.152	100.111
Saccharose	9.042	6.775
Sucre total exprimé en glucose fermentescible	114.671	106.898
Tannin	2.160	2.021

Matières pectiques et albuminoïdes	6.010	5.920
Acidité totale exprimée en acide sulfurique monohydraté	0.822	0.419

Analyse CENTÉSIMALE du JUS et de la PULPE (Récolte 1893).

	gr.	gr.
Eau de végétation et principes volatils à + 100°	85.320	82.700
Sucres réducteurs (Interverti et lévulose)	12.462	11.584
Saccharose	0.546	0.982
Tannin	0.080	0.090
Matières pectiques et albuminoïdes	1.252	0.860
Acidité exprimée en acide malique	0.158	0.084
Sels et divers	1.182	»
Marc épuisé, séché à 100° ; sels et divers	»	3.700
	100.000	100.000

La *Cimetière* a une composition analytique plutôt au-dessous de la moyenne, et, en présence de ce fait, on s'étonnera peut-être de la trouver ici. Mais, en agissant ainsi, j'ai eu pour but de montrer l'extension que je donne au qualificatif « *meilleure variété* ». Je n'entends pas le réserver, en effet, aux seules variétés donnant des résultats analytiques élevés, mais l'étendre à toutes celles qui se distinguent par une ou plusieurs qualités maîtresses soit du fruit, soit de l'arbre. Telle espèce dont le fruit est hors de pair provient d'un arbre peu fertile ou peu vigoureux ; inversement, un arbre excessivement fertile produira des pommes d'une teneur analytique faible : c'est le cas de la *Cimetière*. En outre, j'ai expliqué ailleurs la raison d'être dans un verger d'un certain nombre — restreint, à la vérité — d'*espèces aqueuses*, afin de supprimer l'addition de l'eau trop souvent véhicule de germes infectieux et la remplacer par le jus ou l'eau de végétation parfumée de ces fruits. La *Cimetière* remplit absolument cette condition et d'autant plus que son jus est doué d'une coloration intense. Du reste, je la mentionne surtout pour la région du Pays d'Auge où elle jouit de la plus haute estime, grâce à cette propriété.

Mélangée à la Bramtot, elle lui communiquera la couleur qui lui manque et il en résultera un cidre de haute qualité.

Coefficient de déperdition. — Un kilogramme de fruits assortis a perdu 168 grammes en 90 jours, ce qui fait 1 gr. 86 par jour.

Moyennes : Poids, Volume, Densité. — Ces moyennes se rapportent à la récolte 1893. Poids : 49 grammes. Volume : 68 cc. Densité : 0,716. Les *qualités maîtresses* de la *Cimetière* sont : pour *l'arbre*, une *excessive fertilité* et une *grande vigueur ;* pour le *fruit*, une *pulpe ferme* et *juteuse ;* un *coefficient de garde prolongé*, un *jus très coloré*. Son rôle principal réside dans les mélanges avec des variétés peu colorées et mucilagineuses. *L'arbre et le fruit ont des qualités spéciales qui donnent à chacun d'eux une valeur sensiblement égale.*

PLANCHE VI

Fig. 11. — CITRON DE PONT-L'ÉVÊQUE

Fruit jaune, doux-amer, excellent.

Historique. — Variété ancienne, d'origine inconnue, cultivée dans le pays d'Auge, notamment dans l'arrondissement de Pont-l'Évêque. On ne trouve ce nom dans aucun écrit des pomologues anciens et modernes. Je n'ai pu relever le nom de Petit-Citron que dans les *Procès-Verbaux* des Congrès, etc., et, comme il n'est suivi d'aucune description, il m'a été impossible de le comparer à celui dont il s'agit. Doit-on établir une analogie avec les variétés que les anciens nommaient : *Queue-nouée*, *Ennouée*, *Cul-noué?* Mes recherches auxquelles je renvoie le lecteur (voir le *Guide pratique*, etc., n° 20, Citron, page 124) ne me permettent point d'être affirmatif.

Synonymes. — *Fréquin blanc*, *Renouvelet.*

Arbre. — Rustique, sain, assez vigoureux. Branches charpentières divergentes, horizontales; tête arrondie. Floraison dans la dernière semaine de mai. Cet arbre est fertile, mais sa vigueur semble diminuer; il demande un sol riche; aussi est-il préférable pour le propager de recourir à la greffe en tête.

Fruit (Classe III : Fruits jaunes; 2ᵉ groupe : fruits petits; 1ʳᵉ catégorie : fruits plats; 2ᵐᵉ section : 2 formes, plate et conique). — Cette variété présente *deux types absolument distincts*, qui permettraient de constituer deux sous-variétés. Le premier type est *absolument plat et régulier ;* le second est *conique* et *irrégulier*. Ce sont surtout les caractères de la partie inférieure du fruit qui subissent les plus grandes modifications.

Épiderme jaune doré, peu nuancé de vert; œil moyen, fermé, dans un bassin plutôt étroit, pourvu de quelques nodosités, indices de faibles mamelons. Base variable, tantôt *plus étroite* que le sommet, tantôt *égale*. Pédoncule *très variable :* moyen de longueur et de grosseur chez les fruits *plats*, il se montre *caronculaire* chez les coniques, et même le plus souvent, revêtu d'un côté, parfois des deux, par un prolongement de la pulpe, ce qui donne assez bien à ces fruits l'aspect ovoïde du citron. *Coupe verticale :* L'œil descend peu, le cœur est variable, mais assez régulier. L'endocarpe des fruits plats a des courbes symétriques présentant la forme habituelle, émergeant à *angle droit*, tandis que celui des fruits coniques est circonscrit par des courbes affectant la forme *ovale*. *Coupe transversale :* Circonférence peu régulière, présentant cinq à six saillies; faisceaux sépalaires et pétalaires *non* anastomosés. La pulpe est ferme, blanche, *douce-amère*, d'une amertume agréable; parfumée. Le jus est peu coloré.

La *Citron* de *Pont-l'Évêque* est bien caractérisée par l'un de ses types rappelant l'aspect d'un petit citron. Il y a dans cet arrondissement deux variétés, bien dissemblables, portant ce même nom : l'une, qui est celle-ci, que j'ai nommée *Citron de Pont-l'Évêque*, tandis que l'autre, qui a encore plus de ressemblance avec un citron, tant par sa forme que par son volume, et qui se trouve en plus grande quantité dans la commune de Surville, a été baptisée par moi, pour cette raison, Citron de Surville. Aucune confusion ne saurait s'établir entre elles.

La Citron mûrit, à l'arbre, dans la dernière quinzaine d'octobre ; c'est une seconde tardive, et, comme elle se conserve bien, elle peut être brassée en même temps que certaines variétés — hâtives — de troisième saison : Bouteille, Saint-Martin, etc. Ce qu'il importe, c'est de saisir le moment où les matières pectiques ne sont point trop abondantes, car la garde les y développe et fait alors de la Citron une espèce mucilagineuse. Seule, et brassée en temps, elle peut servir à créer un cidre « marque alcoolique doux et parfumé », faible en couleur, il est vrai, mais que l'on peut corriger par l'addition d'un cinquième d'Aufriche. Elle supporte assez bien les transports, surtout dans la quinzaine qui suit sa récolte.

Analyse moyenne rapportée à un litre de JUS et à un KILO de PULPE.

Densité	1065	1006
	gr.	gr.
Sucres réducteurs (Interverti et lévulose)	97.721	80.954
Saccharose	44.730	44.368
Sucre total évalué en glucose fermentescible	146.736	127.539
Tannin	2.569	2.886
Matières pectiques et albuminoïdes	9.543	6.291
Acidité totale en acide sulfurique monohydraté	1.403	0.661

Analyse CENTÉSIMALE du JUS et de la PULPE (moyennes).

	gr.	gr.
Eau de végétation et principes volatils à + 100°	83.560	77.850
Sucres réducteurs (Interverti et lévulose)	9.175	8.095
Saccharose	4.131	4.436
Tannin	0.241	0.288
Matières pectiques et albuminoïdes	0.896	0.629
Acidité en acide malique	0.180	0.090
Sels et divers	1.817	»
Marc épuisé, séché à 100° ; sels et divers	»	8.612
	100.000	100.000

La *Citron* est une excellente variété, et, si l'on se reporte aux 127 analyses que j'ai réunies dans l'ouvrage indiqué plus haut, l'on verra que sa composition atteint en éléments utiles un pourcentage autrement élevé qu'on ne le supposerait à la lecture des moyennes ci-dessus. Autre chose est d'analyser pendant deux ou trois ans *quelques échantillons choisis* ou de répéter ces recherches pendant une *quinzaine d'années* sur *différents échantillons* provenant d'arbres et de sols les plus divers. C'est la seule façon de constater la valeur

PLANCHE VI

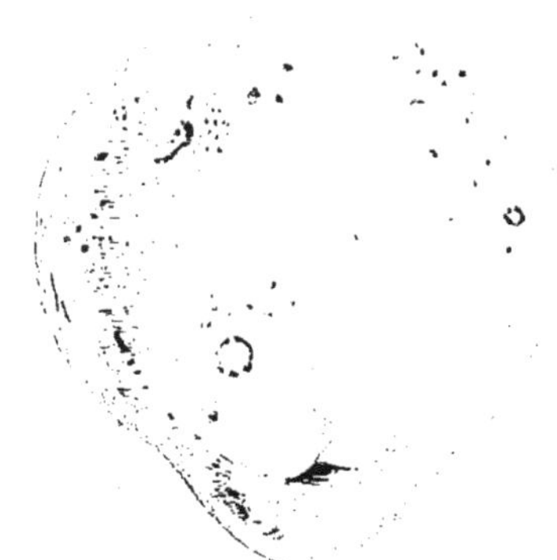

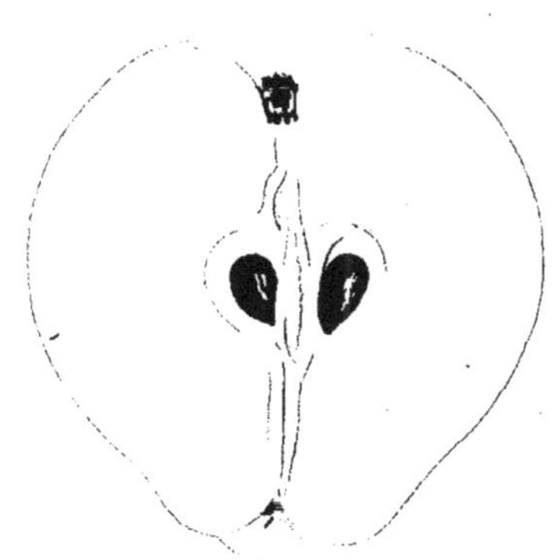

Fig. 11. Citron

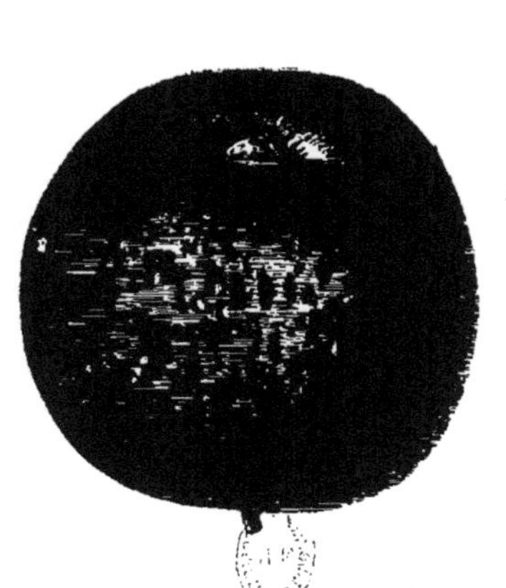

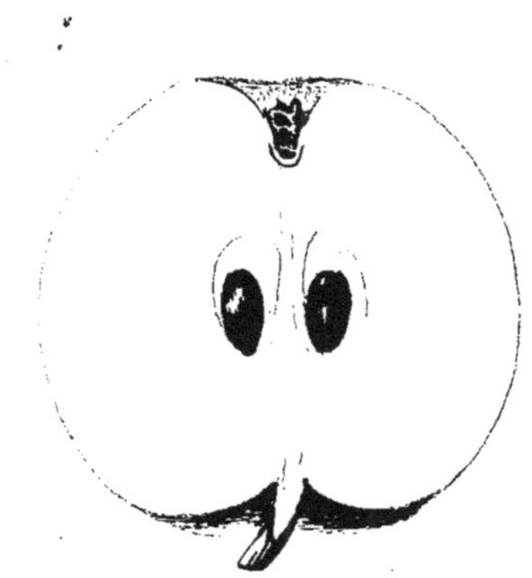

Fig. 12. Doux-Normandie

A. LEFÈVRE Pinx.t

Lith. Monrocq

Imp. sur Zinc Monrocq à Paris

du fruit qui, dans une telle période de temps, montre l'impression qu'il reçoit de toutes les influences qui s'exercent sur lui. La Citron est très riche en saccharose; elle et la Gros-Malois furent les deux variétés qui, dès le début de mes analyses, attirèrent mon attention sur ce sucre particulier, et c'est la raison pour laquelle je les ai choisies comme types des variétés à saccharose.

Coefficient de déperdition. — Un kilogramme de fruits assortis a perdu 246 grammes en 90 jours, ce qui donne 2 gr. 73 par jour.

Moyennes : Poids, Volume, Densité. — Ces moyennes sont rapportées à l'année 1891. Poids : 19 grammes. Volume : 23 cc. Densité : 0,815.

Les qualités maîtresses de la *Citron de Pont-Lévêque* sont : pour *l'arbre*, la *rusticité* et la *fertilité*; pour le *fruit*, une *richesse saccharine élevée dont le saccharose compose une grande partie; une teneur notable en tannin.* Brassée en temps convenable, elle peut servir à la création d'une marque « cidre alcoolique doux et parfumé ». Le manque de coloration peut être compensé par l'addition d'une petite quantité d'Aufriche. *Le fruit prime l'arbre.*

Fig. 12. — DOUX-NORMANDIE

Fruit rouge, doux, excellent.

Historique. — Variété d'origine inconnue, particulière au département de la Sarthe où elle est très répandue. Décrite pour la première fois par M. Power, *Monographies*, etc. Mérite de devenir une espèce fondamentale [1].

Synonymes. — Pas ou inconnus. Je pense que Doux-Normandie est déjà un surnom qui cache la titulaire.

Arbre. — Sain, vigoureux, fertile. Branches charpentières dressées, assez ramifiées; bois grêle. Floraison en juin. Elle peut se propager par la greffe en pied.

Fruit (Classe I : Fruits rouges; 3e groupe : fruits moyens; 1re catégorie : fruits plats; 1re section : forme plate). — Assez régulier; présentant *deux aspects : plat* et *cylindrique; forme plate.* Base arrondie, un peu plus développée que le sommet ou égale. Épiderme mi-lisse, mi-rugueux, lavé, plaqué et surtout *vergeté de carmin* sur les trois quarts du fruit; revêtu d'un pointillé gris roux ou de marbrures très étendues. Œil assez gros, fermé, dans un bassin étroit, peu profond, sensiblement régulier, entouré de quelques nodosités très petites et ne se continuant pas au delà. Pédoncule de longueur variable, de moyenne grosseur, inséré dans une cavité régulière; étroite, peu profonde, fortement plaquée de *gris roux* pâle. *Coupe verticale :* L'œil *descend peu.* Le cœur, *très étroit*, est limité par des courbes plus ou moins symétriques, émergeant le plus souvent à *angle droit.* Loges petites ou moyennes, très arquées. *Coupe*

1. Voir *l'Art de reconnaître les Fruits de pressoir.* Garnier, frères, éditeurs, 6, rue des Saints-Pères, Paris.

transversale : Circonférence peu irrégulière, offrant deux à quatre mamelons Faisceaux sépalaires et pétalaires *peu* ou *point* anastomosés.

La pulpe est d'un blanc jaunâtre, *douce*, *très ferme*, parfumée. Le jus est très coloré et possède la nuance blond rouge qui, après fermentation, devient rouge mixte entre le vineux et le rouge groseille, nuance très belle et qu'il serait si désirable de rencontrer dans les cidres mousseux, car, jointe à la limpidité, elle donne au cidre un cachet tout particulier. Parmi toutes les sortes que j'ai étudiées, je n'en ai guère, jusqu'ici, trouvé que deux qui possèdent cette belle coloration : la *Doux-Normandie* et la *Meaugris*, deux fruits à épiderme rouge, il est vrai, mais d'une saveur très différente. La première est douce ; la seconde, amère.

La *Doux-Normandie* se récolte dans les premiers jours de novembre, mais elle peut se garder longtemps au grenier par suite de son coefficient de garde très prolongé. Grâce à la fermeté de sa pulpe, elle est susceptible de braver les transports. En résumé, c'est une seconde tardive qui pourrait jusqu'à un certain point figurer parmi les pommes de troisième saison.

Analyse moyenne rapportée à un litre de JUS

Densité	1077	
		gr.
Sucres réducteurs (Interverti et lévulose)		129.870
Saccharose		34.955
Sucre total en glucose fermentescible		166.661
Tannin		0.761
Matières pectiques et albuminoïdes		5.000
Acidité totale en acide sulfurique monohydraté		1.070

Cette excellente variété convient parfaitement pour la préparation d'un cidre marque « doux alcoolique » qui, s'il est traité comme il convient, « rappellera son buveur», selon l'ancienne expression. Je sais bien que l'on objectera que la composition du fruit laisse à désirer relativement au taux du tannin ; à quoi l'on peut répondre que, les matières pectiques n'étant qu'en proportion convenable, elles ne diminueront point la qualité de l'élément utile pour donner naissance à des lies abondantes. Je suis convaincu que des essais faits avec cette variété seule donneront de bons résultats, mais l'on peut lui ajouter en petite quantité la Médaille d'or ou la Bramtot.

Moyennes : Poids, Volume, Densité. — Ces moyennes se rapportent à la récolte : 1891. Poids : 44 grammes. Volume : 56 cc. Densité : 0,775.

Les *qualités maîtresses* de la *Doux-Normandie* sont pour l'*arbre :* la *vigueur* et la *fertilité* (en outre l'*époque très tardive de sa floraison*, en juin, lui assure plus qu'à toute autre variété une *récolte à peu près certaine*) ; pour le *fruit :* une *moyenne analytique* assez élevée, sauf pour le *tannin* cependant ; une *pulpe ferme*, un *coefficient de garde prolongé* qui lui permettent de subir les transports sans inconvénient. Elle peut servir à la préparation d'une marque « cidre alcoolique ». *L'arbre et le fruit ont une valeur réelle sensiblement égale.*

PLANCHE VII

Fig. 13. — GODARD

Fruit rouge-verdâtre, doux-amer, excellent.

Historique. — Variété nouvelle obtenue de semis par M. Godard, pépiniériste, très répandue dans la Seine-Inférieure peu après son obtention, elle le sera bientôt dans tous les centres cidriers. Décrite pour la première fois par M. Power dans ses *Monographies*, etc. Classée parmi les pommes excellentes dans le *Catalogue des Fruits moulés de pressoir*, collection de la Société centrale d'Horticulture de la Seine-Inférieure.

Synonymes. — Pas ou inconnus.

Arbre. — Très sain, très vigoureux, très fertile. Branches charpentières assez dressées, bien ramifiées, ce qui donne à la tête l'aspect sphérique plutôt que pyramidal. Floraison dans la deuxième quinzaine de mai. Il peutêtre propagé par la greffe en pied, mais l'on aura un résultat plus rapide par celle en tête.

Fruit (Classe II : fruits rouge-verdâtre ; 3e groupe : fruits moyens ; 1re catégorie : fruits plats ; 1re section : forme plate). — Petit plutôt que moyen, irrégulier, mamelonné, oblique, déprimé. *Plat d'aspect et de forme.* Base plus large que le sommet. Épiderme lavé, plaqué assez fortement de *rouge-brique* plutôt que de carmin ; parsemé d'un fin pointillé gris-roux. Œil souvent clos, dans un bassin irrégulier, large, assez profond, fissuré, renfermant huit à dix nodosités, indices de mamelons plus ou moins prononcés. Pédoncule *long* ou très long, assez gros, renflé à ses deux extrémités, dans une cavité étroite irrégulière, profonde, parfois fissurée ; pourtour *peu* ou *point* marbré de roux. *Coupe verticale :* L'œil descend *irrégulièrement*, *peu* généralement. Le cœur est *irrégulier*, *très large*, inscrit entre des courbes asymétriques émergeant presque toujours à *angle droit ;* loges petites, étroites. *Coupe transversale :* Circonférence très irrégulière, six à huit saillies accusées ; faisceaux sépalaires et pétalaires *non* anastomosés.

La pulpe est d'un blanc jaunâtre, *ferme*, *douce*, relevée d'une pointe d'amertume agréable, laquelle n'est point, cependant, en rapport avec la quantité de tannin indiquée par l'analyse, ce qui doit être dû à la quantité de matières pectiques. Le jus est très coloré, sujet pourtant à quelques variations. La *Godard* mûrit à l'arbre dans la dernière quinzaine d'octobre ; grâce à la fermeté de sa pulpe, elle a un long coefficient de garde et peut rester au grenier jusqu'à la mi-novembre ; elle est également apte aux transports.

Analyse moyenne rapportée à un litre de JUS

Densité	1080
	gr.
Sucres réducteurs (Interverti et lévulose)	117.414
Saccharose	52.362
Sucre total en glucose fermentescible	172.550
Tannin	3.795
Matières pectiques et albuminoïdes	11.860
Acidité totale en acide sulfurique monohydraté	1.680

L'analyse moyenne ci-dessus prouve assez quelle excellente variété est la *Godard*. La proportion de saccharose qu'elle renferme la place d'emblée dans le groupe particulier que j'ai créé. Je la conseille comme devant fournir un cidre de la marque « alcoolique sec » plutôt qu'alcoolique amer, l'amertume étant masquée par le moelleux des matières pectiques.

Moyennes : Poids, Volume, Densité. — Ces moyennes se rapportent à des fruits de la récolte 1891. Poids : 45 grammes. Volume : 62 cc. Densité : 0,723.

Les *qualités maîtresses* de la *Godard* sont : pour l'*arbre*, la *vigueur* et la *fertilité;* pour le *fruit*, une *richesse saccharine* élevée dont le *saccharose* constitue une notable partie, une heureuse proportion de tannin et de matières pectiques, dont la réaction, au sein de la fermentation, corrige ce que l'un ou l'autre de ces éléments en excès pourrait produire de fâcheux pour le cidre ; une *pulpe ferme*, rendant les fruits aptes à la garde et aux transports. On peut en faire une marque « cidre alcoolique sec ». Le *fruit prime l'arbre, néanmoins.*

Fig. 14. — JOLY ROUGE

Fruit rouge, doux-amer, parfumé, bon.

Historique. — Variété d'origine inconnue, mais très répandue dans le pays d'Auge, notamment dans l'arrondissement de Pont-l'Évêque. C'est une espèce régionale très estimée et qui mérite d'être propagée. Inconnue des pomologues, au moins sous ce nom, elle a été décrite dans les *Monographies*, etc.

Synonymes. — Pas ou inconnus.

Arbre. — Très rustique, très sain, très vigoureux, très fertile. Branches charpentières fortes et très élancées. Bois un peu menu, s'infléchissant sous le poids des fruits. Tête pyramidale. Floraison vers la fin de mai. Cette variété vigoureuse atteint son maximum de développement dans les terres fortes ; on peut la propager dans ces terrains par la greffe en pied aussi bien que par la greffe en tête. Dans les sols pauvres, il faudrait donner la préférence à cette dernière.

Fruit (Classe I : Fruits rouges ; 4e groupe : fruits gros ; 1re catégorie : fruits plats ; 2e section : deux formes, plate et coniques). — Très irrégulier ; oblique, déprimé, mamelonné. *Deux aspects et deux formes.* Base *variable*, plus large ou

PLANCHE VII

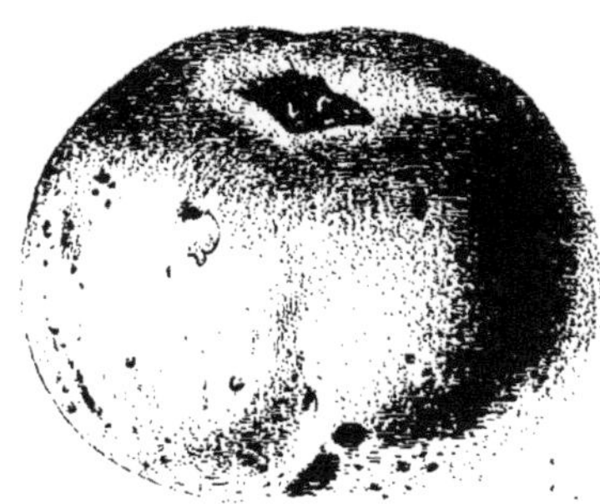
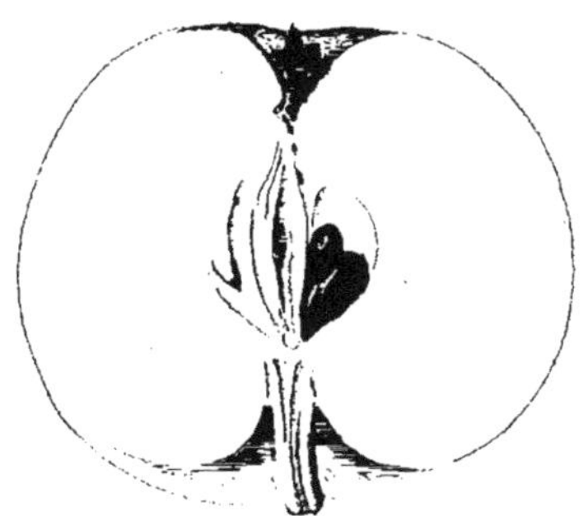

Fig. 13. Godard

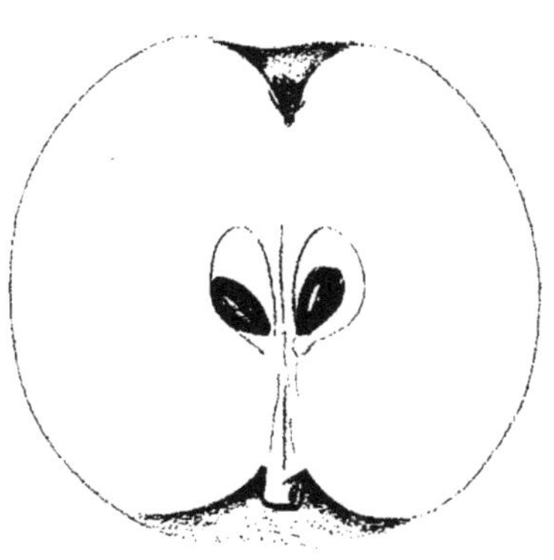

Fig. 14. Joly Rouge

A. LEFEVRE Pinx.t Lith. Monrocq

Imp. sur Zinc Monrocq à Paris

plus étroite que le sommet, selon les fruits. Épiderme rugueux, lavé, plaqué, *vergeté de carmin*. Œil assez grand, inséré dans un bassin irrégulier, profond, pourvu de protubérances. Pédoncule court, gros, inclus plutôt qu'implanté dans une cavité étroite, profonde, peu plaquée de roux qui, chez certains fruits, est remplacé par des raies de carmin. *Coupe verticale :* L'œil descend irrégulièrement, peu ou beaucoup. Le cœur est nettement *étroit*, assez régulier, entouré de courbes symétriques émergeant à *angle droit* ou en *ovale*, dont la plus grande largeur est tantôt à la base, tantôt au centre de leur parcours. Loges *étroites*, très arquées, géminées. *Coupe transversale :* Circonférence irrégulière, présentant quatre à cinq saillies assez prononcées. Faisceaux sépalaires et pétalaires *non* anastomosés à l'œil nu.

La pulpe est d'un blanc jaunâtre, ferme, *douce*, relevée d'une petite pointe d'amertume agréable, assez parfumée. Le jus est *très coloré*, et le cidre qui en résulte est doué d'une belle nuance, blond rougeâtre, assez semblable à celle de la Meaugris.

La *Joly rouge* appartient plutôt au troisième type *Fréquin rouge* qu'à celui de la *Marin-Onfroy*. Ses affinités la rapprochent beaucoup de : Bonne-Sorte, Rouge-Mulot et Saint-Philibert. Elle s'en distingue par une *irrégularité* plus manifeste, un volume généralement plus grand, un épiderme plus rugueux, et donnant souvent, en dépit de son vif coloris, l'aspect d'un vieux fruit.

Elle mûrit à l'arbre, en octobre, et peut achever sa maturité de garde au grenier au début de novembre. Elle supporte bien le transport.

Analyse moyenne rapportée à un LITRE de JUS et à un KILO de PULPE

Densité	1059	1005
	gr.	gr.
Sucres réducteurs (Interverti et lévulose)	111.040	104.882
Saccharose	18.764	12.878
Sucre total exprimé en glucose fermentescible	130.431	118.438
Tannin	1.943	2.012
Matières pectiques et albuminoïdes	5.020	3.680
Acidité totale en acide sulfurique monohydraté	1.164	0.657

Analyse CENTÉSIMALE du JUS et de la PULPE (moyennes)

	gr.	gr.
Eau de végétation et principes volatils à + 100°	84.070	80.590
Sucres réducteurs (Interverti et lévulose)	12.227	11 875
Saccharose	1.124	1.030
Tannin	0.194	0.125
Matières pectiques et albuminoïdes	0.502	0.550
Acidité totale exprimée en acide malique	0.193	0.057
Sels et divers	1.690	»
Marc épuisé, séché à 100°; sels et divers	»	5.773
	100.000	100.000

La *Joly rouge*, à ne consulter que l'analyse, ne fait pas belle figure à côté des variétés d'élite qui la précèdent ; mais elle possède chacun des éléments constituants, dans la plus heureuse proportion, pour la préparation des *cidres mousseux* de vente courante. Il faut à ces cidres une tout autre qualité qu'à ceux réservés pour différentes marques. Ils doivent être *doux* et *moelleux;* posséder une très légère amertume qui, jointe au parfum, leur constitue un bouquet agréable et laisse au palais cette saveur que les anciens caractérisaient en disant que « le cidre rappelle son buveur ». Ce type de cidres ne peut être préparé qu'avec des variétés moyennes dont la *Joly rouge* est un des meilleurs représentants. C'est surtout à ce titre que je l'ai admise dans cet *Atlas.*

Coefficient de déperdition. — Un kilogramme de fruits assortis a perdu 229 grammes en 80 jours, ce qui donne 2 gr. 86 par jour.

Moyennes : Poids, Volume, Densité. — Ces moyennes se rapportent à des fruits de la récolte 1892. Poids : 57 grammes. Volume : 77 cc. Densité : 0,731.

Les qualités maîtresses de la *Joly rouge* sont : pour *l'arbre*, une *vigueur* et une *fertilité* des plus grandes; pour le *fruit,* un *parfum* et *une composition moyenne répondant absolument au prototype des cidres* mousseux. Dans cette variété, l'arbre et le fruit ont chacun une valeur tellement spéciale qu'il n'est guère facile de dire lequel des deux prime l'autre. Elle est tellement estimée dans le pays d'Auge, surtout dans la partie limitrophe de l'Eure, qu'il n'est point, pour ainsi dire, de cultivateur qui ne se fasse un point d'honneur de la posséder dans ses vergers.

PLANCHE VIII

Fig. 15. — LAUNETTE JAUNE

Fruit jaune, amer, excellent.

Historique. — Variété d'origine inconnue, répandue et très estimée en Bretagne, d'après le Syndicat de Ploërmel. Elle mérite d'être cultivée dans tous les centres cidriers. Elle est décrite ici pour la première fois.

Synonymes. — Pas ou inconnus, à moins toutefois que la Launette grosse ne soit identique, ce qu'il faudrait vérifier par des recherches subséquentes.

Arbre. — Rustique, sain, vigoureux, fertile. Branches charpentières à demi verticales; bois grêle, s'infléchissant sous le poids des fruits. La tête participe des deux formes : arrondie et pyramidale. Floraison assez hâtive, dans la dernière quizaine d'avril. Peut être propagée par les deux sortes de greffe, de préférence, cependant, par celle en tête.

Fruit (Classe III : Fruits jaunes ; 3e groupe : fruits moyens; 1re catégorie : fruits plats: 1re section : forme plate). — Assez régulier, *plat d'aspect et de forme*, peu mamelonné, base arrondie, *plus développée* que le sommet. Épiderme lisse, *jaune*, nuancé de vert, assez rarement de carmin, parsemé d'un faible pointillé gris roux, parfois aussi de petites taches blanchâtres. Œil gros, ouvert, dans un bassin large, peu profond, irrégulier, fissuré, pourvu de cinq à six plis donnant naissance à des mamelons peu accusés. Pédoncule de longueur moyenne, assez gros, *très tomenteux*, inséré dans une cavité étroite, fissurée, souvent profonde, peu lavée ou laciniée de roux. *Coupe verticale :* L'œil descend *peu* ou *moyennement*. Le cœur est *moyen* ou étroit, presque régulier, limité par des courbes souvent symétriques, émergeant à *angle droit*. Loges petites, étroites, géminées. *Coupe transversale :* Circonférence peu irrégulière, trois à quatre saillies plus ou moins prononcées. Faisceaux sépalaires et pétalaires *irrégulièrement* anastomosés.

La pulpe est d'un blanc jaunâtre, *amère*, parfumée. Le jus a une coloration généralement au-dessous de la moyenne. La *Launette jaune* présente certaines affinités avec la *Launette grosse* au point de vue de la *forme* et du *coloris ;* on dirait même qu'il y a presque identité, mais j'ai constaté jusqu'ici que la première a un *volume moindre*, des mamelons moins nombreux et moins accusés et que l'endocarpe est plus étroit. Toutefois, je me garderai bien d'être affirmatif dans aucun des deux sens, désirant les étudier de nouveau. Comparée à nos pommes de Normandie, elle se place non loin de la *Petit-Doucet* dont elle se distingue par des mamelons plus prononcés et une pulpe *amère*.

La *Launette jaune* mûrit à l'arbre dans la seconde quinzaine d'octobre, elle peut rester au grenier jusqu'à la mi-novembre.

Analyse moyenne rapportée à un litre de JUS

Densité	1079	
		gr.
Sucres réducteurs (Interverti et lévulose)		135.482
Saccharose		30.893
Sucre total évalué en glucose fermentescible		168.000
Tannin		3.296
Matières pectiques et albuminoïdes		7.500
Acidité totale exprimée en acide sulfurique monohydraté		1.742

La composition de la Launette jaune répond à celle des variétés d'élite; cependant, avant de se prononcer définitivement, il y aurait lieu de la soumettre à quelques analyses. Son rang pourrait baisser, sans que, pour cela, elle ne présente, cependant, une qualité toute spéciale sous le rapport du tannin. Je la crois, pour cette raison, meilleure dans les mélanges avec des fruits où cet élément manque qu'employée seule, tout en étant certain que, si l'on pouvait habituer les habitants des villes à l'amertume, elle constituerait une excellente marque de cidre « alcoolique amer ».

Moyennes : Poids, Volume, Densité. — Ces moyennes se rapportent à des fruits de la récolte 1891. Poids : 39 grammes. Volume : 50 cc. Densité : 0,777.

Les *qualités maîtresses* de la *Launette jaune* sont : pour l'*arbre*, *vigueur* et *fertilité;* pour le *fruit*, une *moyenne analytique élevée* où le *tannin* figure pour une *quantité notable*. Plus utile dans les mélanges qu'employée seule, elle pourrait, cependant, composer une marque de cidre « alcoolique amer ». *Le fruit prime l'arbre.*

Fig. 16. — MATOIS ROUGE (GROS)

Fruit rouge ou rouge verdâtre, doux-amer, très parfumé, excellent.

Historique. — Variété d'origine inconnue sur laquelle les pomologues tant anciens que modernes ne sont pas d'accord [1]. Elle est, cependant, très répandue et très estimée dans le département de l'Eure ainsi que dans le pays d'Auge.

Synonymes. — Maltois. Il existe des sous-variétés qui portent sur le *volume* et le *coloris*.

Arbre. — Rustique, sain, vigoureux, assez fertile. Tronc élevé, branches charpentières fortes et dressées, ce qui lui fait une tête pyramidale. Le bois est plutôt fin et sujet à s'abaisser sous le poids des fruits qui se trouvent généralement à l'extrémité des branches. Les fleurs s'épanouissent dans la pre-

1. Voir : *Guide pratique des meilleures variétés*, etc.

PLANCHE VIII.

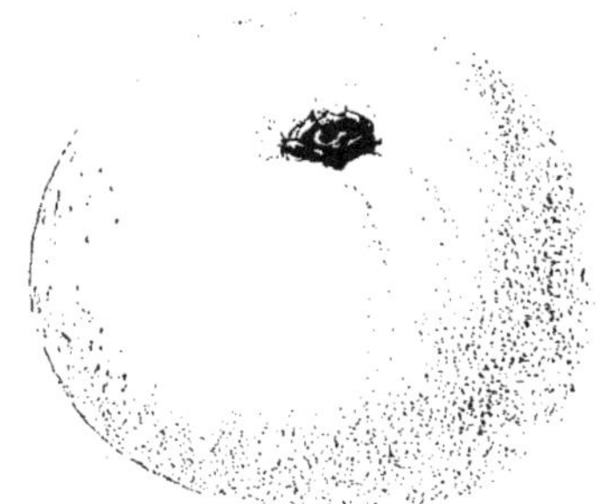

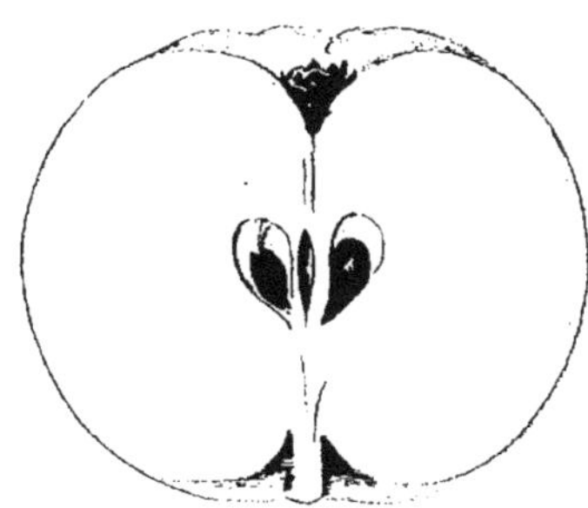

Fig. 15. Launette (Jaune)

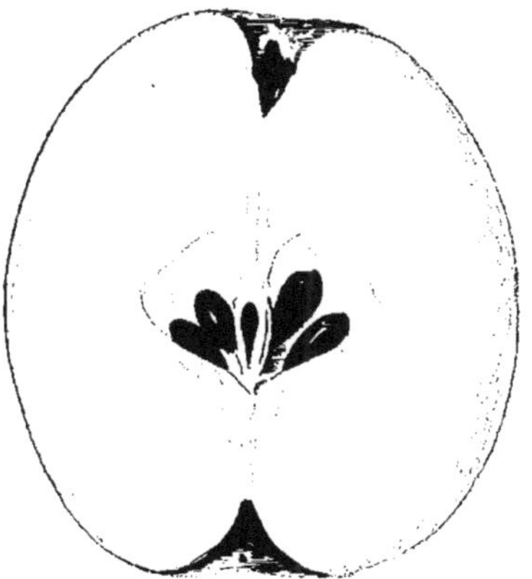

Fig. 16. Matois Rouge (Gros)

A. LEFEVRE Pinxit Lith. MONROCQ

Imp. sur Zinc Monrocq à Paris

mière semaine de mai. Elles résistent bien à la gelée. Cette variété tend un peu à perdre de sa vigueur, et, pour la propager, il est préférable de recourir à la greffe en tête.

Fruit (Classe 1 : Fruits rouges; 5ᵉ groupe : fruits très gros; 1ʳᵉ catégorie : fruits plats; 2ᵉ section : 2 formes, plate et conique). — Gros ou très gros, excessivement irrégulier, à tel point qu'il mériterait le surnom de *Caméléon des pommes*, au point de vue des formes, les réunissant toutes. Base *très variable :* tantôt plus étroite; tantôt plus large que le sommet des fruits Épiderme lisse, luisant, sujet à l'exsudation visqueuse, plaqué de rouge carmin très vif, non vergeté, alternant avec une nuance jaune doré. Œil gros, semi-ouvert, ou sépales assez longs, gris marron, connivents ou dressés, dans un bassin très irrégulier de largeur et de profondeur, parfois à fleur de fruit, plissé, cinq à six nervures plus ou moins accentuées, origines des mamelons. Pédoncule très court et gros; implanté ou inséré dans une cavité irrégulière, unie ou sectionnée, plutôt étroite, peu marbrée de gris roux pâle. *Coupe verticale :* L'œil descend *profondément.* Le cœur (fait étonnant) est presque régulier, étroit plutôt que large, limité par des courbes symétriques émergeant généralement à *angle droit*, rarement obliquement. Loges longues, grandes, souvent géminées. *Coupe transversale :* Circonférence très irrégulière, cinq à huit protubérances très saillantes. Faisceaux sépalaires et pétalaires *non* anastomosés à l'œil nu ou d'une façon très rudimentaire.

La pulpe est blanche, *ferme*, *douce*, très fine, relevée d'une pointe d'amertume. Son parfum est tellement fin et pénétrant lors de sa maturité de garde que j'ai proposé, il y a quelques années, de joindre à son nom celui de *Reine du parfum.* Son jus est très coloré et son cidre en retient la plus grande partie.

La *Gros-Matois* rouge appartient au troisième type : BOUTEILLE ; mais la facilité avec laquelle elle revêt toutes les formes la distingue suffisamment; son coloris, en outre, est tout autre. Il y a deux sortes de Matois : la *rouge* et la *blanche*, qu'il est très facile de confondre dans les années sèches et lorsque les fruits sont placés à l'extrémité des branches, au soleil.

Elle mûrit à l'arbre, en octobre, vers la moitié du mois; on peut la cueillir aussi dans les premiers jours. Elle possède un coefficient de garde très prolongé, ce qu'elle doit à la fermeté de sa pulpe et rien n'est moins rare que de la brasser en novembre. Elle acquiert dans le grenier, pendant sa maturité de garde, un parfum des plus forts qui passe en grande partie dans son jus. Sur ce point elle est exceptionnelle.

Analyse moyenne rapportée à un LITRE de JUS et à un KILO de PULPE

	Jus	Pulpe
Densité	1071	1005.5
	gr.	gr.
Sucres réducteurs (Interverti et lévulose)	107.096	88.637
Saccharose	52.893	45.452
Sucre total exprimé en glucose fermentescible	165.159	136.463
Tannin	3.169	2.468
Matières pectiques et albuminoïdes	7.460	5.840
Acidité totale en acide sulfurique monohydraté	1.511	0.774

Analyse CENTÉSIMALE du JUS et de la PULPE

	gr.	gr.
Eau de végétation et principes volatils à + 100°	79.717	78.020
Sucres réducteurs (Interverti et lévulose)	10.298	8.983
Saccharose	6.088	5.855
Tannin	0.669	0.264
Matières pectiques et albuminoïdes	1.245	0.920
Acidité exprimée en acide malique	0.156	0.100
Sels et divers	1.827	»
Marc épuisé, séché à 100° ; sels et divers	»	5.858
	100.000	100.000

La valeur particulière de cette variété réside surtout dans la nature des sucres qu'elle renferme. Le saccharose y existe à une dose très élevée, ce qui lui donne à mes yeux l'importance dont j'ai déjà parlé, pages 16 et 25. Ainsi que je l'ai dit, la *Gros-Matois* et la *Citron* sont les deux premières pommes que j'ai placées en tête de mon groupe des *Variétés à saccharose.*

La *Gros-Matois*, grâce à sa composition, peut donner, *seule*, un cidre excellent, d'une belle coloration blond rougeâtre, légèrement amer, très corsé, alcoolique et parfumé et qui peut être tenu pour le prototype de la marque *cidre alcoolique sec et parfumé.* Toutefois, ce cidre doit être mis en bouteilles encore un peu sucré, car il a une tendance à devenir très sec et à s'éthérifier.

Coefficient de déperdition. — Un kilogramme de fruits assortis a perdu 199 grammes en 100 jours, ce qui donne 1 gr. 99 par jour.

Moyennes : Poids, Volume, Densité. — Ces moyennes se rapportent à la récolte 1892. Poids : 64 grammes. Volume : 78 cc. Densité : 0,807.

Les *qualités maîtresses* de la *Gros-Matois rouge* sont : pour l'*arbre*, la *rusticité* et la *vigueur ;* pour le *fruit*, un *parfum* des *plus pénétrants* et *très caractéristique ;* une richesse saccharine élevée dont le saccharose constitue une grande partie.

Le fruit prime l'arbre.

PLANCHE IX

Fig. 17. — MÉDAILLE D'OR

Fruit gris-roux, très amer, excellent.

Historique. — Variété nouvelle, obtenue de semis par M. Godard, pépiniériste. Très répandue dans la Seine-Inférieure, c'est de toutes les pommes nouvelles celle qui a été propagée le plus rapidement, tant pour l'excessive fertilité de l'arbre que pour la richesse tannique du fruit. Avant dix ans il n'existera pas une région, peut-être même pas un verger où elle ne sera cultivée.

Synonymes. — Point ou inconnus.

Arbre. — Rustique, sain, très vigoureux, extrêmement fertile. Branches charpentières droites, élevées, peu ramifiées; bois grêle et s'infléchissant beaucoup sous le poids des fruits toujours abondants. Par suite, la tête participe des deux formes : arrondie et pyramidale, d'autant plus qu'elle a besoin d'être dirigée afin que les branches qui la forment prennent plus d'épaisseur et de solidité par un raccourcissement raisonné. L'arbre est assez vigoureux pour être propagé par la greffe en pied. Floraison dans la première quinzaine de juin.

Fruit (Classe V : Fruits gris-roux; 4e groupe : fruits gros; 1re catégorie : fruits plats; 1re section : forme plate). — Assez régulier, bien qu'avec une tendance à l'obliquité, faiblement mamelonné. *Aspect plat*, rarement cylindrique ; *forme plate*. Base arrondie, *plus développée* que le sommet. Épiderme mi-lisse, mi-rugueux, jaune, *fortement lavé*, *réticulé*, *plaqué de gris-roux* paraissant indemne de toute nuance rouge, si ce n'est, cependant, très peu sur les fruits exposés au soleil. Œil gros ou moyen, tantôt fermé, tantôt ouvert, le plus souvent clos, dans un bassin irrégulier, large, profond, fissuré et plissé ; pourvu de huit à dix plis, non de nodosités, paraissant être l'amorce de mamelons peu distincts. Pédoncule de longueur moyenne, assez gros, tomenteux, inséré dans une cavité très large, évasée, fissurée, irrégulière, profonde, plus ou moins plaquée de roux sur son pourtour qui est *très plat*. *Coupe verticale :* L'œil descend *peu* ou *moyennement*. Le cœur, assez régulier, est *étroit*, limité par des courbes presque symétriques émergeant plus souvent *en ovale* qu'à *angle droit*. *Coupe transversale :* Circonférence peu irrégulière, trois ou quatre petites saillies. Faisceaux sépalaires et pétalaires *rarement* anastomosés.

La pulpe est d'un blanc jaunâtre, douée d'une *forte amertume*, assez juteuse. Le jus est plutôt au-dessous de la moyenne de la coloration qu'au-dessus.

La *Médaille d'or* présente une grande affinité avec la Peltier, à tel point qu'il pourrait y avoir confusion entre bon nombre de fruits. Elle s'en distingue, cependant, par un *aspect moins obconique*, par un nombre moindre de mamelons et surtout moins prononcés, par un *bassin oculaire plus profond*, un endocarpe plus étroit et enfin une *pulpe amère.*

La Médaille d'Or mûrit à l'arbre, en octobre; elle peut se conserver jusqu'en novembre, au grenier, et supporter le transport dans la quinzaine qui suit sa récolte.

Analyse moyenne rapportée à un LITRE de JUS et à un KILO de PULPE

Densité	1082	
	gr.	gr.
Sucres réducteurs (Interverti et lévulose)	156.220	140.625
Saccharose	24.719	16.406
Sucre total exprimé en glucose fermentescible	182.238	157.894
Tannin	5.914	5.700
Matières pectiques et albuminoïdes	8.100	6.000
Acidité totale en acide sulfurique monohydraté	2 302	0.704

Analyse CENTÉSIMALE du JUS et de la PULPE

	gr.	gr.
Eau de végétation et principes volatils à + 100°	79.570	74.440
Sucres réducteurs (Interverti et lévulose)	13.958	14.062
Saccharose	2.242	1.640
Tannin	0.806	0.570
Matières pectiques et albuminoïdes	1.109	0.600
Acidité exprimée en acide malique	0.176	0.096
Sels et divers	2.139	»
Marc épuisé, séché à 100°; sels et divers	»	8.592
	100.000	100.000

Si la réputation de la *Médaille d'or* avait eu besoin d'être établie, les analyses ci-dessus en fourniraient les documents irréfutables, d'autant plus que ces moyennes ont l'avantage, généralement trop rare, de provenir de fruits appartenant à des arbres résumant le cycle de la vie végétative qui leur est particulière : il y a un échantillon qui constituait la première récolte et plusieurs autres excrus d'arbres âgés. Le jour où l'amertume aura été agréée par le palais des habitants des villes, ce jour-là constituera le triomphe de quelques cidres jusqu'ici rejetés, parmi lesquels celui de la Médaille d'or, Fréquin rouge, etc. Mais, en attendant, tout en affirmant qu'il est apte à la création d'une marque « *cidre alcoolique amer* », je n'ose la conseiller, préférant réserver ces fruits pour les mélanger avec des variétés manquant de cet élément si utile. En raison de sa grande fertilité, la *Médaille d'or* me semble tout indiquée, dans les vergers plantés d'espèces suffisamment tanniques, pour la production de l'eau-de-vie de cidre dont le rendement sera très rémunérateur par suite de son haut titre saccharin.

Coefficient de déperdition. — Un kilogramme de fruits assortis a perdu 203 grammes en 42 jours, ce qui fait 4 gr. 83 par jour.

PLANCHE IX

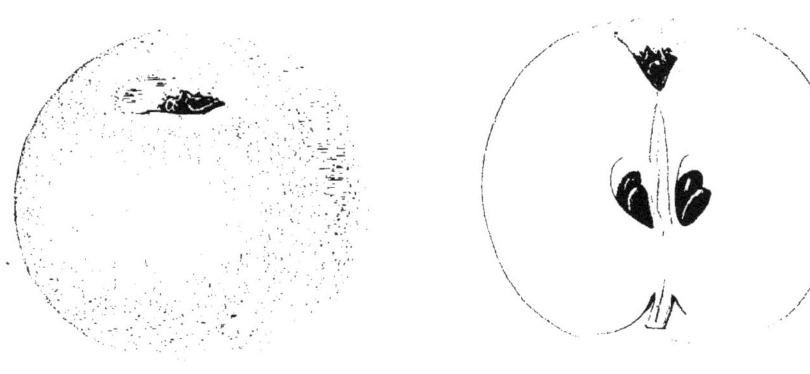

Fig. 17. Médaille d'Or

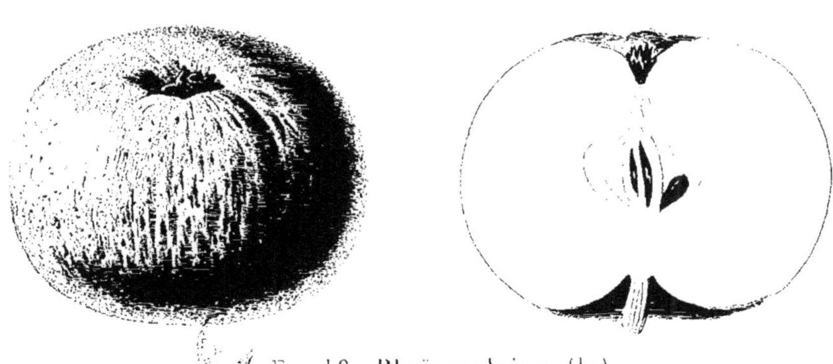

Fig. 18. Ploërmelaise (la)

A. LEFEVRE Pinx^{it}

Lith. MONROCQ

Imp. sur Zinc MONROCQ à Paris

Moyennes : Poids, Volume, Densité. — Ces moyennes se rapportent à la récolte 1891. Poids : 49 grammes. Volume : 65 cc. Densité : 0,750.

Les *qualités maîtresses* de la *Médaille d'or* sont : pour l'*arbre*, une *grande vigueur* et une *excessive fertilité* ; pour le *fruit*, une *densité* et une *richesse saccharine élevées* que, toutes proportions gardées, domine encore son *quantum tannique.*

Apte à constituer une marque « cidre alcoolique amer », elle rendra, jusqu'à nouvel ordre, plus de services, soit dans les mélanges avec des fruits manquant de tannin, soit pour la production de l'eau-de-vie de cidre. *L'arbre et le fruit possèdent une grande valeur et il serait assez délicat de dire lequel des deux prime l'autre.*

Fig. 18. — PLOËRMELAISE (LA)

Fruit rouge, très amer, bon.

Historique. — Variété d'origine inconnue, spéciale à la Bretagne et plus particulièrement aux environs de Ploërmel, dont le Syndicat a fait le plus grand éloge. Mais ce nom, qui cache la titulaire, désignera à l'avenir une variété digne d'être propagée.

Synonymes. — Pas ou inconnus.

Arbre. — Rustique, sain, vigoureux, fertile. Tête arrondie, ou plutôt semi-pyramidale. Floraison, deuxième quinzaine de mai. Il est préférable de recourir à la greffe en pied.

Fruit (Classe I : Fruits rouges; 3e groupe : fruits moyens; 1re catégorie : fruits plats; 1re section : forme plate). — Assez régulier, de volume moyen, présentant deux aspects : obconique et plat, *forme plate;* mamelonné. Base *plate*, plus *développée* que le sommet qui est très aminci. Épiderme lisse plutôt que rugueux, lavé et vergeté aux trois quarts de carmin sur un fond vert jaune, pourvu, en outre, d'un pointillé gris roux ou de marbrures de même nuance. Œil assez gros, fermé, dans un bassin plutôt étroit que large, peu profond, assez régulier. Pédoncule de largeur moyenne, assez gros, inséré dans une cavité étroite, peu profonde, peu plaquée de roux, qui alterne avec des bandes carmin.

Coupe verticale : L'œil descend *peu*. Le cœur, de largeur *moyenne*, est *régulier* et limité par des courbes émergeant à *angle droit*. Les loges sont de grandeur variable, arquées, souvent géminées. *Coupe transversale :* Circonférence peu irrégulière, cinq à six saillies plus ou moins prononcées; faisceaux sépalaires et pétalaires *non* anastomosés ou ne présentant que des rudiments.

La pulpe est blanche, *très amère*, assez ferme, parfumée. Le jus a une coloration pâle inférieure à la moyenne.

La *Ploërmelaise* se place tout à la suite de la Fréquin rouge, avec laquelle il pourrait s'établir une certaine confusion. Elle a, toutefois, un aspect plus obconique et un sommet plus aminci. Sa coupe transversale laisse apercevoir des *rudiments d'anastomoses* que n'a pas la Fréquin rouge.

Elle mûrit à l'arbre en octobre; elle est susceptible de se garder une quinzaine de jours au grenier.

Analyse moyenne rapportée à un LITRE de JUS

Densité	1067
	gr.
Sucres réducteurs (Interverti et lévulose)	129.032
Saccharose	25.643
Sucre total exprimé en glucose fermentescible	156.024
Tannin	5.811
Matières pectiques et albuminoïdes	6.800
Acidité totale exprimée en acide sulfurique monohydraté	1.070

La *Ploërmelaise* se distingue par une *richesse tannique* assez rare chez les fruits à cidre ; mais, précisément à cause de cela et pour les raisons que j'ai énumérées ci-dessus, je ne conseille pas de l'employer à la création d'une marque « cidre amer parfumé » : elle rendra beaucoup plus de services mélangée en proportion déterminée avec les espèces où cet élément manque.

Moyennes : Poids, Volume, Densité. — Ces moyennes se rapportent à des fruits de la récolte 1891. Poids : 44 grammes. Volume : 62 cc. Densité : 0,704.

Les *qualités maîtresses* de la *Ploërmelaise* sont : pour l'*arbre*, une *grande fertilité* et *rusticité;* pour le *fruit*, une *richesse tannique* bien supérieure à celle que l'on trouve généralement dans les fruits de pressoir. Il est préférable d'en réserver l'emploi pour les mélanger avec des sortes pauvres en tannin. *L'arbre et le fruit ont une valeur sensiblement égale.*

PLANCHE X

Fig. 19. — ROSSIGNOL

Fruit jaune, amer-doux, parfumé, très bon.

Historique. — Variété nouvelle obtenue par M. Legrand, pépiniériste, répandue surtout dans la Seine-Inférieure, elle mérite d'être cultivée dans tous les centres cidriers. Décrite pour la première fois par M. Power dans ses *Monographies*, etc.

Synonymes. — Pas ou inconnus.

Arbre. — Sain, rustique, vigoureux, très fertile. Branches charpentières redressées, bien ramifiées; bois résistant. Tête semi-pyramidale. Floraison dans la première quinzaine de mai. On peut la propager par la greffe en pied.

Fruit (Classe III : Fruits jaunes; 3e groupe : fruits moyens; 1re catégorie : fruits plats; 1re section : forme plate). — Volume moyen, assez régulier, peu déprimé, mamelonné, présentant deux aspects : cylindrique et plat; *forme plate*. Base aplatie, *plus développée* que le sommet, rarement égale. Épiderme mi-rugueux, *jaune*, légèrement nuancé de vert, pourvu de marbrures gris-roux assez fréquentes et occupant la moitié du fruit, lavé de rouge-brique du côté du soleil. Œil moyen ou petit, dans un bassin irrégulier, très profond, fissuré, de largeur moyenne, pourvu de quatre à cinq protubérances, indices de mamelons saillants au début, mais s'amoindrissant avant d'atteindre la base. Pédoncule très court, de moyenne grosseur, inclus le plus souvent dans la cavité étroite, régulière, quoique fissurée, peu lavée de roux. *Coupe verticale* : L'œil descend *profondément*. Le cœur est *étroit* plutôt que moyen, peu irrégulier, limité par des courbes symétriques, émergeant à *angle droit;* loges petites et étroites. *Coupe transversale :* Circonférence irrégulière, présentant quatre à cinq saillies prononcées; faisceaux sépalaires et pétalaires *non* anastomosés.

La pulpe est blanche, *amère*, fondante, parfumée. Le jus est de coloration instable, souvent faible.

La *Rossignol* se trouve à la *limite des fruits jaunes et des fruits roux*. Elle présente quelques affinités éloignées avec Médaille d'or, Diard, Douze-au-Gobet et Bramtot.

Elle mûrit à l'arbre, en octobre, et peut se garder au grenier une dizaine de jours. Les échantillons que j'ai eus m'ont laissé voir une pulpe fondante, qui aurait tout à redouter d'une longue garde. Je crois qu'il est préférable de la brasser assez tôt et, surtout, de ne point dépasser la mi-novembre.

Analyse moyenne rapportée à un litre de JUS

Densité	1078
	gr.
Sucres réducteurs (Interverti et lévulose)	153.846
Saccharose	29.445
Sucre total exprimé en glucose fermentescible	184.840
Tannin	3.359
Matières pectiques et albuminoïdes	7.500
Acidité totale exprimée en acide sulfurique monohydraté	1.580

La *Rossignol* a une composition analytique qui la place dans les variétés d'élite et la désigne plus spécialement pour la création d'une marque de « cidre alcoolique amer ». La proportion des matières pectiques et du tannin me semble être heureuse pour le résultat final.

Moyennes : Poids, Volume, Densité. — Ces moyennes se rapportent à des fruits de la récolte 1891. Poids : 46 grammes. Volume : 67 cc. Densité : 0,688.

Les *qualités maîtresses* de la *Rossignol* sont : pour l'*arbre*, une *vigueur* et une *fertilité remarquables ;* pour le *fruit*, une *richesse saccharine* et un *quantum tannique élevés* qui permettent de créer une marque « *cidre alcoolique amer* ». *L'arbre et le fruit ont une grande valeur et il est difficile de dire lequel des deux prime l'autre.*

TROISIÈME SAISON

Fig. 20. — AMER-DOUX D'HIVER

Fruit jaune ou jaune verdâtre, amer-doux, parfumé, très bon.

Historique. — Variété d'origine inconnue, portant un nom générique prêtant à la confusion. Tous les auteurs, depuis Julien de Paulmier, la mentionnent, bien qu'ils ne la décrivent point ou très imparfaitement. Elle est cultivée dans un grand nombre de régions cidricoles.

Synonymes. — Amer-doux, Gros Amer-doux blanc.

Arbre. — Rustique, sain, très vigoureux, très fertile. Branches charpentières fortes, plutôt étalées que relevées, bien ramifiées ; tête arrondie ou semi-verticale. Floraison dans la première quinzaine de mai. Il peut être propagé par les deux genres de greffe, mais de préférence, cependant, par celle en tête.

Fruit (Classe III : Fruits jaunes ; 4ᵉ groupe : fruits gros ; 1ʳᵉ catégorie : fruits plats ; 1ʳᵉ section : forme plate). — Peu irrégulier, plat *d'aspect et de forme ; mamelonné*, souvent côtelé, légèrement oblique. Base aplatie, *plus développée* que le sommet du fruit dont la plus grande largeur se trouve vers le centre de la hauteur. Épiderme lisse, jaune verdâtre où le *jaune* domine, assez rarement lavé de rouge, parsemé d'un pointillé gris-roux pâle, qui se réunit assez

Planche X.

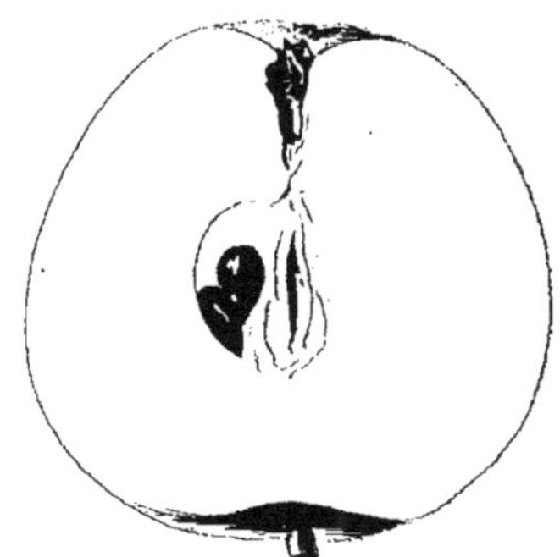

Fig. 19. Rossignol

Troisième Saison

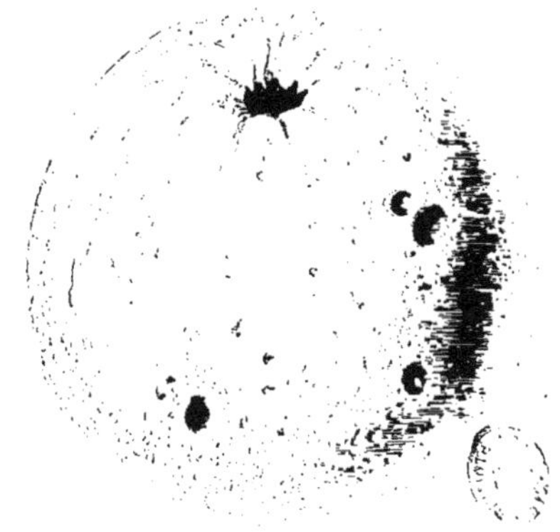

Fig. 20. Amer-Doux *(d'Hiver)*

A. Lefevre Pinx.t Lith. Monrocq

Imp. sur Zinc Monrocq à Paris

souvent en marbrures peu étendues. Œil petit ou moyen, tantôt fermé, tantôt ouvert, à sépales longs, gris-roux, étalés ou connivents dans un bassin irrégulier, *large*, profond, évasé, fissuré, plissé, donnant naissance à des *mamelons* ou à des côtes, 8 à 10, accusés au début et se continuant jusqu'à la base qu'ils sectionnent plus ou moins. Pédoncule *variable*, généralement court et gros, parfois caronculaire; rarement long, mince et ligneux. Dans le premier et le dernier cas, il est inséré dans une cavité irrégulière, évasée, fissurée, large, profonde, caractérisée par un pourtour fortement plaqué de roux sur lequel se détachent des stries de nuance plus sombre. Lorsque le pédoncule est caronculaire, il remplit la cavité aux 2/3, et la base est sensiblement convexe. *Coupe verticale* : L'œil descend *peu* ou point. Le cœur, assez régulier, est *large*, limité par des courbes presque symétriques, émergeant à *angle droit*. Les loges sont *étroites* et très arquées. *Coupe transversale* : Circonférence très irrégulière présentant 8 à 10 saillies dont quelques-unes très prononcées. Faisceaux sépalaires et pétalaires *anastomosés*.

La pulpe est d'un blanc jaunâtre, *très ferme*, *amère*, mais d'une amertume agréable au palais, parfumée. Le jus est de coloration variable : tantôt faible, tantôt foncée.

Il y a plusieurs sortes d'*Amer-doux* qui ne diffèrent entre elles que par de faibles caractères provenant du *volume*, du *coloris* et de la maturité assez délicate à bien fixer. Les Amer-doux se rapprochent beaucoup des Petit-Doucet comme *aspect*, non comme saveur.

L'*Amer-doux* d'*hiver* mûrit à l'arbre dans les premiers jours de novembre, et, grâce à la fermeté de sa pulpe, elle peut se garder au grenier jusqu'en décembre. Doit-elle être placée dans les variétés de troisième saison, ainsi que je le fais, ou parmi celles de seconde comme le prétendent d'autres auteurs? Sans répondre affirmativement, on peut dire que c'est une seconde bien tardive, ou mieux, à mon avis, une troisième hâtive. Dans tous les cas, son coefficient de garde est assez grand et elle est apte aux transports.

Analyse moyenne rapportée à un litre de JUS

Densité	1072
	gr.
Sucres réducteurs (Interverti et lévulose)	121.950
Saccharose	23.266
Sucre total exprimé en glucose fermentescible	146.860
Tannin	3.765
Matières pectiques et albuminoïdes	10.450
Acidité totale exprimée en acide sulfurique monohydraté	1.478

L'*Amer-doux*, ainsi que l'atteste sa moyenne analytique, est une très bonne pomme où tous les éléments utiles se trouvent en une heureuse proportion, et, de leur réaction réciproque, doit certainement résulter un excellent produit désigné pour la création d'une marque *cidre alcoolique amer*. Le cidre devra même posséder un bouquet très fin, surtout si l'on a eu soin d'employer des fruits mûrs à point; par là, j'entends des fruits bien jaunes et brassés dans la dernière quinzaine de novembre.

Moyennes : Poids, Volume, Densité. — Ces moyennes se rapportent à des pommes de la récolte 1891. Poids : 53 grammes. Volume : 62 cc. Densité : 0,808.

Les qualités maîtresses de l'*Amer-doux d'hiver* sont : pour l'arbre, une *vigueur* et une *fertilité très grandes;* pour le *fruit*, une *teneur notable en sucres et en tannin* en proportion convenable pour la création d'une marque « *cidre alcoolique amer* » ; une pulpe *ferme* permettant les transports. *L'arbre et le fruit ont une réelle valeur sensiblement égale.*

PLANCHE XI

Fig. 21. — AMÈRE-DE-SURVILLE

Fruit jaune-verdâtre ou rouge-verdâtre, très amer, bon.

Historique. — Variété ancienne, d'origine inconnue, répandue dans le pays d'Auge et, en particulier, dans l'arrondissement de Pont-l'Évêque. Mérite d'être propagée à cause de son tannin. Elle était connue sous différents noms lorsque je l'ai baptisée Amère-de-Surville, à cause de son amertume notable.

Synonymes. — Ses deux principaux sont : Normande et Espèce-Arnout.

Arbre. — Rustique, sain, vigoureux, fertile. Branches charpentières fortes, redressées ; bois assez résistant, bien ramifié ; tête pyramidale. Floraison dans la première quinzaine de mai. Il peut être propagé par les deux sortes de greffe.

Fruit (Classe IV : Fruits jaune-verdâtre ; 4e groupe : fruits gros ; 2e catégorie : fruits coniques). Cependant certains échantillons permettraient de la ranger dans la Classe II : Fruits rouge verdâtre.

Fruit très *irrégulier*, nettement *conique*, oblique, mamelonné. Base plate, plus développée que le sommet. Épiderme jaune verdâtre ou rouge, selon l'exposition, fortement haché ou vergeté, rarement plaqué de carmin. Œil assez gros, fermé, dans un bassin irrégulier, étroit, peu profond, parfois fissuré, renfermant quelques protubérances, cinq à huit, qui, généralement, sont le point de départ de mamelons plus ou moins accusés. Pédoncule de longueur moyenne, assez gros, inséré dans une cavité étroite qu'il semble remplir complètement, ou bien encore, planté comme une sorte de clou à la base du fruit qui est souvent *très plate*. Le pourtour pédonculaire est souvent caractérisé par l'*absence de gris-roux*, remplacé par la nuance jaune ou verte de l'épiderme. *Coupe verticale :* L'œil descend *moyennement ;* parfois cependant, *profondément*. Le cœur, assez régulier, est plutôt *moyen* que large, limité par des courbes symétriques, émergeant aussi souvent à angle droit qu'en ovale. Loges grandes, étroites. *Coupe transversale :* Circonférence irrégulière, présentant quatre à cinq protubérances accusées. Faisceaux sépalaires et pétalaires *non* anastomosés ou irrégulièrement.

La pulpe est d'un blanc verdâtre, surtout à la périphérie, *très amère*, peu parfumée. Le jus est *très peu coloré*.

L'*Amère-de-Surville* se place à la suite de la Bouteille ordinaire, et mieux encore, de la Bouteille d'Orbec. Elle se rapproche même si près de cette dernière que bon nombre de fruits pourraient être confondus. Toutefois, l'*Amère-de-Surville* est *beaucoup plus amère* et de *forme irrégulière*. Elle est, à la limite des fruits *jaune-verdâtre* et *rouge-verdâtre*.

Elle mûrit presque à l'arbre, à la fin d'octobre, mais la texture de sa pulpe permet de la garder très longtemps au grenier; elle peut être transportée très facilement. Son coefficient de garde est un des plus grands que je connaisse.

Analyse moyenne rapportée à un LITRE de JUS et à un KILO de PULPE

Densité	1068	1006.5
	gr.	gr.
Sucres réducteurs (Interverti et lévulose)	136.050	102.590
Saccharose	5.580	11.390
Sucre total exprimé en glucose fermentescible	141.920	117.640
Tannin	8.070	8.490
Matières pectiques et albuminoïdes	12.000	6.000
Acidité totale exprimée en acide sulfurique monohydraté	1.581	0.471

Analyse CENTÉSIMALE du JUS et de la PULPE (moyennes)

	gr.	gr.
Eau de végétation et principes volatils à + 100°	83.896	80.815
Sucres réducteurs (Interverti et lévulose)	12.738	10.259
Saccharose	0.522	1.139
Tannin	0.755	0.849
Matières pectiques et albuminoïdes	1.123	0.600
Acidité totale exprimée en acide malique	0.168	0.085
Sels et divers	0.798	»
Marc épuisé et séché à 100°; sels et divers	»	6.253
	100.000	100.000

Coefficient de déperdition. — Ce coefficient se rapporte à la récolte 1891. Il est de 1 gramme 75 par jour pour un kilo de fruits assortis.

Moyennes : Poids, Volume, Densité. — Ces moyennes se rapportent également à des fruits de la récolte 1891. Poids : 85 grammes. Volume : 117 cc. Densité : 0,724.

Les *qualités maîtresses* de l'*Amère-de-Surville* sont : pour l'*arbre*, une *vigueur* et une *fertilité très grandes ;* pour le *fruit*, une *richesse tannique très élevée* qui fait de cette variété une espèce bien à part, dont l'emploi doit être réservé, jusqu'à nouvel ordre, pour les mélanges avec des pommes qui sont dépourvues de ce principe. *L'arbre et le fruit ont une valeur spéciale à peu près égale.*

PLANCHE XI

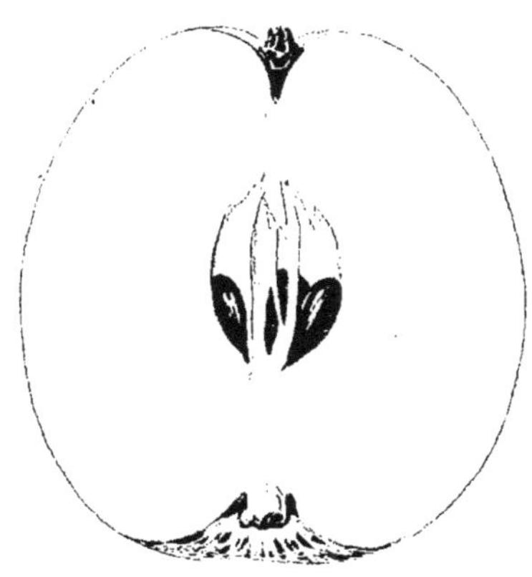

21. Amère de Surville.

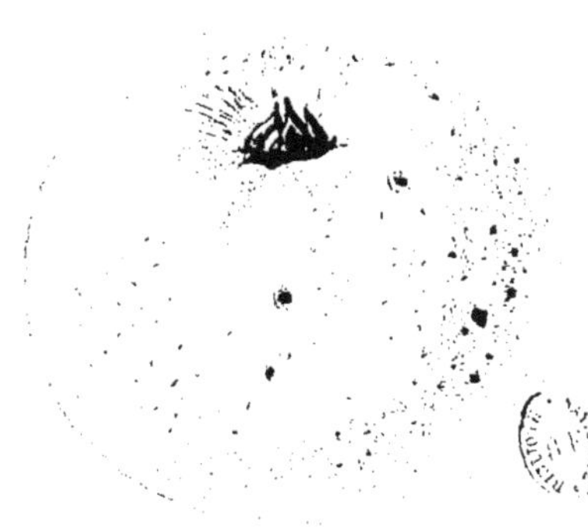
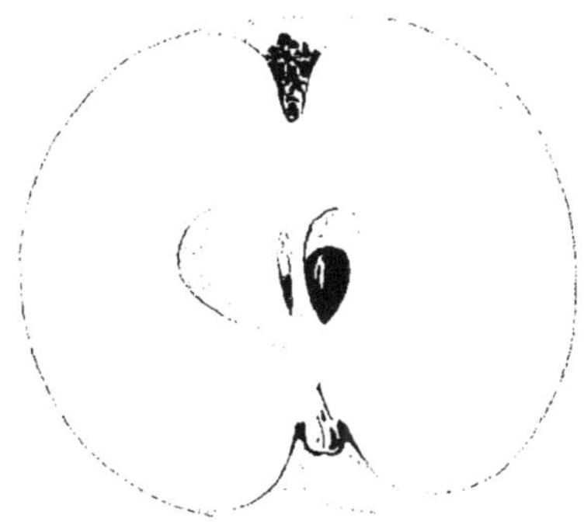

22. Bédan

A. LEFEVRE Pinx.[t] · Lith. Monrocq

Imp. sur Zinc Monrocq à Paris

Fig. 22. — BÉDAN

Fruit jaune-verdâtre, amer, parfumé, très bon.

Historique. — Variété très ancienne, d'origine inconnue, que l'on fait remonter, documents à l'appui, à l'an 1363. Se trouve dans tous les pays cidriers ; c'est peut-être la pomme à cidre la plus répandue qui soit.

Synonymes. — Bédengue, Bédange, Bec d'Ane, Bec d'Angle, Berdan, Beurdan, Amerel, de Saint-Martin, de Saint-Hilaire.

Arbre. — Sain, rustique, vigoureux, très fertile. Branches charpentières très fortes, à direction horizontale ; bois assez gros, touffu à l'intérieur, s'infléchissant modérément sous le poids des fruits. Tête irrégulièrement arrondie. Floraison vers la fin de mai. Il est préférable, pour le propager, de recourir à la greffe en tête.

Fruit (Classe IV : Fruits jaune-verdâtre ; 3e groupe : fruits moyens ; 1re catégorie : fruits plats ; 1re section : forme plate). — Fruit assez régulier, souvent aplati à ses deux extrémités ; *très plat d'aspect et de forme*. Base *plate, plus large que le sommet*. Épiderme *presque entièrement jaune verdâtre*, offrant parfois, surtout du côté du soleil, de très petits points rouges groupés sur un fond à peine teinté de carmin, ou encore un certain nombre de petites taches gris noir, réunies par trois ou quatre quand elles sont larges et par quinze ou vingt quand elles sont petites. Œil petit, entr'ouvert dans un bassin étroit ou moyen, renfermant cinq à six nodosités assez régulières et qui sont les indices de mamelons plus ou moins accusés. Pédoncule généralement court, assez gros, parfois *comme caronculaire* dans une dépression variable, tantôt étroite et presque remplie par le pédoncule, tantôt assez large et profonde. Pourtour marbré irrégulièrement de gris roux ou de même teinte que l'épiderme. *Coupe verticale* : L'œil descend *très profondément* ; le cœur, souvent irrégulier, est plutôt *petit* que moyen, inscrit dans des courbes peu symétriques émergeant *à angle droit* ; loges grandes, larges, géminées. *Coupe transversale* : Circonférence irrégulière, cinq à sept saillies ; faisceaux sépalaires et pétalaires *irrégulièrement* anastomosés.

La pulpe est blanche, très ferme, *amère*, mais d'une amertume agréable, douée d'un *parfum très fin* et bien particulier à cette pomme. Le jus est *très coloré*, malheureusement la fermentation lui en enlève une grande partie.

La *Bédan* est tellement répandue que je l'ai choisie *comme type des variétés à épiderme jaune verdâtre. Elle constitue mon cinquième type.*

La *Bédan* ne mûrit pas à l'arbre ; on l'en enlève le plus tard possible de façon, cependant, qu'elle n'ait pas à souffrir de la gelée. Douée d'une pulpe *très ferme*, elle peut rester longtemps dans le grenier, surtout si on l'y a rentrée dans les conditions rationnelles ; c'est, à ma connaissance, une des espèces les plus aptes aux transports et à la garde, si ce n'est celle qui l'est le plus. Dans les années d'abondance, on peut encore la brasser avec profit au mois de mars et même en avril, si l'on a eu le soin de la conserver dans des greniers impénétrables à la gelée, en tas ne dépassant pas 0 m. 60 à 0 m. 80 de hauteur. Cela résulte de ce que sa pulpe est non seulement ferme, mais aussi juteuse et peu mucilagineuse, tout à la fois.

Analyse moyenne rapportée à un LITRE de JUS et à un KILO de PULPE

Densité	1065	1006
	gr.	gr.
Sucres réducteurs (Interverti et lévulose)	116.481	100.999
Saccharose	23.357	18.778
Sucre total exprimé en glucose fermentescible	140.257	119.218
Tannin	1.727	1.228
Matières pectiques et albuminoïdes	7.676	7.741
Acidité totale exprimée en acide sulfurique monohydraté	0.913	0.428

Analyse CENTÉSIMALE du JUS et de la PULPE (récolte 1893)

	gr.	gr.
Eau de végétation et principes volatils à + 100°	80.020	77.100
Sucres réducteurs (Interverti et lévulose)	15.076	11.666
Saccharose	1.994	3.726
Tannin	0.162	0.122
Matières pectiques et albuminoïdes	1.244	1.020
Acidité totale exprimée en acide malique	0.181	0.106
Sels et divers	1.323	»
Marc épuisé, séché à 100°; sels et divers	»	6.260
	100.000	100.000

La moyenne analytique ci-dessus ne paraîtra pas bien élevée, comparée aux éloges généraux que j'accorde à la variété; mais, si l'on veut se reporter à l'ouvrage que j'ai indiqué antérieurement [1], on constatera, dans le nombre des deux cents analyses que je lui ai consacrées depuis 1879, des échantillons qui ne le cèdent guère sur ce point aux espèces d'élite.

La *Bédan*, par sa composition, est apte à fournir, seule, un cidre excellent de la marque « *cidre alcoolique amer et parfumé* », à la condition expresse qu'il soit bu de bonne heure, car il est sujet à durcir, ce qui confirme l'opinion que j'ai émise : la *Bédan n'est pas une pomme mucilagineuse*. Elle rend les plus grands services dans les mélanges où elle apporte une eau fine et parfumée qui manque souvent. J'indiquerai ailleurs les proportions de chacun des composants.

Coefficient de déperdition. — Un kilogramme de fruits assortis de la récolte 1889 a perdu 197 grammes en 100 jours, ce qui donne 1 gr. 97 par jour.

Moyennes : Poids, Volume, Densité. — Ces moyennes sont rapportées à des fruits de la récolte 1892. Poids : 78 grammes. Volume : 102 cc. Densité : 0,760.

Les *qualités maîtresses* de la *Bédan* sont : pour l'*arbre*, la *rusticité* et une *grande fertilité ;* pour le *fruit :* une *richesse saccharine supérieure à la moyenne*, *une amertume agréable*, *un parfum des plus fins*, *une coloration du jus très intense*. Capable de préparer, *seule*, un cidre excellent, elle est appelée à rendre encore plus de services dans les mélanges. L'*arbre et le fruit possèdent une valeur réelle*, mais je pense que ce *dernier l'emporte*, cependant.

1. *Guide pratique des meilleurs fruits de pressoir*, (etc.)

PLANCHE XII

Fig. 23. — BINET

Fruit jaune, doux, excellent.

Historique. — Ancienne variété, d'origine inconnue, cultivée dans un grand nombre de centres cidriers, notamment dans les départements de l'Eure et du Calvados. Louis Dubois est le premier auteur qui la cite.

Synonymes. — En outre des noms déjà cités : Hébert, Bernimones, Daucet, De Ry, Verte-Reine, Petite-Rouge ?

Arbre. — Sain, rustique, assez vigoureux, fertile. Branches charpentières fortes, un peu divergentes, de direction horizontale. Bois très menu, s'entrelaçant beaucoup, cassant. Floraison dans la première quinzaine de mai. I vaut mieux le propager par la greffe en tête que par celle en pied.

Fruit (Classe III : Fruits jaunes; 3e groupe : fruits moyens; 1re catégorie : fruits plats; 1re section : forme plate). — Régulier, ou tout au moins parmi les plus réguliers; *très plat de forme et d'aspect*, rarement cylindrique. *Base très caractérisée par son étroitesse comparativement au sommet.* Épiderme rugueux, le plus souvent *jaune doré*, parfois grisâtre ou gris verdâtre, plus ou moins carminé ou lavé de rouge-brique. Œil petit ou moyen, fermé, dans une cavité assez large, régulière, rarement pourvue de nodosités. Pédoncule moyen de longueur et de grosseur, implanté ou inclus dans une *cavité très régulière*, plaquée de *roux doré*, sur lequel tranchent des stries de nuance plus sombre. *Coupe verticale :* L'œil descend *assez profondément.* Le cœur est régulier, mais il affecte deux formes : la première, limitée par des courbes symétriques *ovales* ou obovales; la seconde, par des courbes émergeant à *angle droit*, le renflement étant plus vers le bas que vers le milieu du parcours. Loges étroites, régulières, très réniformes, *très souvent au nombre de quatre. Coupe transversale :* Circonférence plus ou moins irrégulière, présentant quatre à cinq saillies. Faisceaux sépalaires et pétalaires *non* anastomosés.

La pulpe est d'un blanc jaunâtre, *ferme*, *très douce*, parfumée. La coloration du jus est variable, mais elle ne dépasse jamais la moyenne.

J'ai choisi cette variété qui est très répandue, pour en faire le *quatrième de mes neuf types*, *groupant les fruits JAUNES assez réguliers.*

La *Binet* compte deux sous-variétés : la *blanche* et la *grise*, que l'on peut confondre facilement. Je les réunis ici sous le nom générique : BINET.

J'ai placé cette variété dans la troisième saison, alors que plusieurs auteurs la mettent dans la seconde, me basant sur son grand coefficient de garde.

La *Binet*, comme la *Bédan*, doit à la fermeté et à la constitution de sa pulpe de se prêter presque impunément aux transports ; de plus, à quelque époque qu'on la pressure, on est toujours certain d'en obtenir un rendement raisonnable. C'est aussi la raison pour laquelle on doit recourir à son emploi dans les mélanges de pommes à quantum pectique élevé.

Analyse moyenne rapportée à un LITRE de JUS et à un KILO de PULPE

Densité	1073	
	gr.	gr.
Sucres réducteurs (Interverti et lévulose)	132.119	123.716
Saccharose	20.175	18.017
Sucre total exprimé en glucose fermentescible	159.959	143.522
Tannin	2.314	1.361
Matières pectiques et albuminoïdes	5.724	6.250
Acidité totale exprimée en acide sulfurique monohydraté	1.125	0.694

Analyse CENTÉSIMALE du JUS et de la PULPE (moyennes)

	gr.	gr.
Eau de végétation et principes volatils à + 100°	82.731	75.600
Sucres réducteurs (Interverti et lévulose)	13.244	12.370
Saccharose	1.880	1.801
Tannin	0.215	0.136
Matières pectiques et albuminoïdes	0.533	0.625
Acidité totale exprimée en acide malique	0.142	0.094
Sels et divers	1.255	»
Marc épuisé, séché à 100°; sels et divers	»	9.374
	100.000	100.000

La *Binet* est une excellente pomme : cela découle naturellement de ce qui précède, bien que le tannin s'y montre parfois un peu au-dessous de ce qu'il pourrait être ; employée *seule*, elle donne un très bon cidre, pâle, à la vérité, mais parfumé, appartenant à la marque « cidre alcoolique sec et parfumé ».

Coefficient de déperdition. — Un kilogramme de fruits assortis a perdu 216 grammes en 75 jours, ce qui donne 2 gr. 88 par jour.

Moyennes : Poids, Volume, Densité. — Ces moyennes se rapportent à des fruits de la récolte 1891. Poids : 40 grammes. Volume : 48 cc. Densité : 0,830.

Les *qualités maîtresses* de la *Binet* sont : pour l'*arbre*, la *fertilité* et la *rusticité ;* pour le *fruit*, la *richesse saccharine élevée*, la *fermeté de la pulpe* et son *faible quantum pectique.* Capable de préparer seule une marque « cidre alcoolique sec et parfumé », elle rend plus de services dans les mélanges. *Le fruit prime l'arbre.*

Planche XII.

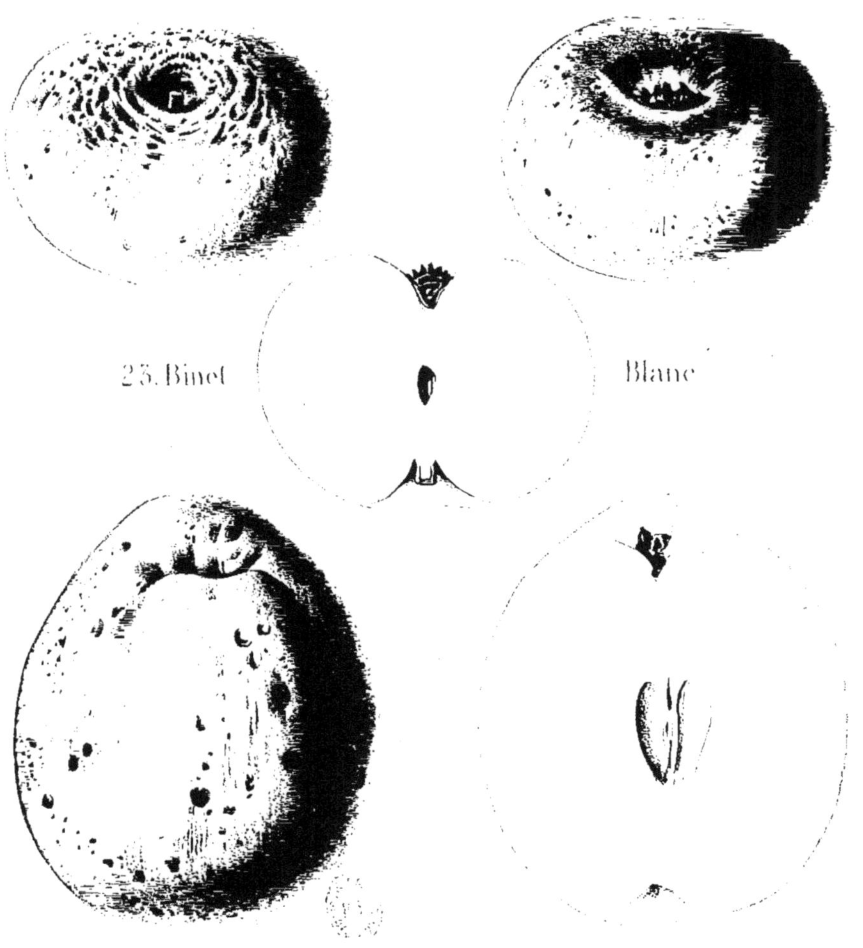

24. Bouteille

A. Lefèvre Pinx.t Lith. Monrocq

Imp. sur Zinc Monrocq à Paris

Fig. 24. — BOUTEILLE

Fruit jaune-verdâtre, doux, bon.

Historique. — Ancienne variété, d'origine inconnue, très répandue dans les centres cidricoles, en particulier dans la Normandie. A l'exception de Julien de Paulmier, tous les pomologues en parlent, non toujours en bien, il est vrai. C'est certainement, après la Bédan, la variété la plus répandue.

Synonymes. — Barette, Doux-à-la-Troche.

Arbre. — Très sain, très rustique, très vigoureux, *excessivement fertile*. Cet arbre se plaît dans n'importe quel terrain et à n'importe quelle exposition. Branches charpentières fortes, divergentes, poussant vigoureusement dans tous les sens; bois allongé, un peu cassant et fléchissant sous le poids des fruits toujours abondants. Port de l'arbre assez élégant, dont la tête tient le milieu entre la forme pyramidale et la forme arrondie. Floraison dans la deuxième quinzaine de mai. L'arbre se propage très bien par la greffe en pied; il est même tellement vigoureux, qu'il peut servir de porte-greffe.

Fruit (Classe IV : Fruits JAUNE VERDATRE; 4e groupe : Fruits gros; 1re catégorie, 2e section : Fruits coniques et plats). — Irrégulier, oblique, mamelonné, *tendant à s'éloigner de plus en plus de la forme conique* qui lui était bien particulière, pour affecter la forme plate, mi-ronde, *plus développée* que le sommet, la plus grande largeur se trouvant à peu près vers la hauteur médiane.

Épiderme plutôt jaune-verdâtre que rouge-verdâtre où le vert domine, lavé de rouge orangé du côté du soleil, parsemé d'une foule de petits points gris roux, parfois noirâtres, qui se remarquent surtout dans la partie du fruit nuancée de jaune-verdâtre. Œil gros, ouvert, souvent à fleur de fruit, rarement dans une cavité étroite et peu profonde. *Coupe verticale :* L'œil descend *peu* ou *moyennement*. Le cœur est peu régulier, plutôt *étroit* que moyen, limité par des courbes assez symétriques, émergeant généralement à *angle droit* d'un côté et, en ovale, de l'autre. Loges grandes, allongées, réniformes et géminées. *Coupe transversale :* Circonférence irrégulière présentant cinq à six saillies plus ou moins fortes. Faisceaux sépalaires et pétalaires *non* anastomosés à l'œil nu.

La pulpe est d'un blanc verdâtre, molle, *douce*, peu parfumée. Le jus en est pâle; il atteint parfois la moyenne.

J'ai choisi cette variété, qui est excessivement répandue, pour en faire le *troisième de mes neuf types, réunissant les variétés à fruits coniques et subconiques*. Il en existe deux sous-variétés : la *douce*, qui est celle-ci, et l'*amère*, spéciale à l'arrondissement de Lisieux.

La *Bouteille* mûrit presque à l'arbre, si on la récolte dans les premiers jours de novembre ; elle n'est point faite pour les longs transports ni pour la garde, *à moins que ses tas dans le grenier ne dépassent pas* 0m,70 *de hauteur*, auquel cas elle peut y rester très bien jusqu'en janvier. Mais il faut toujours la surveiller à cause de la facilité avec laquelle, pendant sa maturité de garde, elle fabrique des matières pectiques. Brassée tôt, elle n'a pas cet inconvénient ; plus tard, il faut l'associer à Bédan et Binet. C'est une troisième hâtive comme maturité à l'arbre.

Analyse moyenne rapportée à un LITRE de JUS et à un KILO de PULPE

Densité	1057	1005
	gr.	gr.
Sucres réducteurs (Interverti et lévulose)	106.593	99.255
Saccharose	18.948	15.480
Sucre total exprimé en glucose fermentescible	126.200	115.893
Tannin	1.335	1.784
Matières pectiques et albuminoïdes	10.088	7.779
Acidité totale exprimée en acide sulfurique monohydraté	1.290	0.413

Analyse CENTÉSIMALE du JUS et de la PULPE (moyennes)

	gr.	gr.
Eau de végétation et principes volatils à + 100°	86.415	82.250
Sucres réducteurs (Interverti et lévulose)	10.084	9.925
Saccharose	1.791	1.548
Tannin	0.126	0.178
Matières pectiques et albuminoïdes	0.954	0.777
Acidité totale exprimée en acide malique	0.166	0.060
Sels et divers	0.464	»
Marc épuisé, séché à 100°; sels et divers	»	5.262
	100.000	100.000

J'ai hésité avant d'admettre la *Bouteille* parmi les meilleures variétés à propager (voir le *Guide pratique des meilleurs fruits de pressoir*, etc., pages 114-125), et si je m'y suis décidé, *c'est uniquement à cause de son excessive et réelle fertilité.* Mais entendons-nous par fertilité, je veux dire : *rapport moyen annuel minimum de quatre hectolitres.* Lorsqu'on m'aura fait connaître, avec preuves à l'appui, une autre variété d'un rapport semblable et d'une rusticité aussi grande pour résister aux intempéries et aux insectes, tout en possédant une composition supérieure, je l'en enlèverai immédiatement pour y placer cette espèce rare. Jusque-là, je l'y maintiendrai, parce que tout verger qui la possédera sera assuré d'une récolte ; ceci, à mes yeux, l'emporte sur d'autres considérations.

Coefficient de déperdition. — Un kilogramme de fruits assortis a perdu 90 gr. en 45 jours, ce qui donne 2 grammes par jour.

Moyennes : Poids, Volume, Densité. — Ces moyennes se rapportent à des fruits de l'année 1891. Poids : 55 grammes. Volume : 70 cc. Densité : 0,778.

Les qualités maîtresses de la *Bouteille* sont : pour l'*arbre*, une *vigueur* et surtout une *fertilité extraordinaire;* pour le *fruit* au début de la maturité, une *pulpe juteuse* d'une composition plutôt supérieure à la moyenne. Avec elle, une disette de pommes n'est guère à craindre. *L'arbre et le fruit ont*, à mon avis, *une valeur égale.*

PLANCHE XIII

Fig. 25. — DOUX-VÉRET (PETIT)

Fruit gris-roux, doux-amer, parfumé, excellent.

Historique. — Variété ancienne, d'origine inconnue, citée déjà par Julien Le Paulmier, page 57 de son *Traité du Vin et du Cidre.* Tous les pomologues l'ont mentionnée depuis ; mais leurs descriptions, trop succinctes, ne permettent pas d'affirmer sa parfaite identité avec la nôtre. Elle est cependant cultivée dans bon nombre de régions agricoles.

Synonymes. — Doux-Véret, Argile-Grise, Rouge-Bruyère, bien que ces noms désignent des variétés distinctes.

Arbre. — Sain, vigoureux, très fertile. Branches charpentières fortes, redressées, assez bien ramifiées. Tête participant des deux formes : arrondie et pyramidale. Floraison dans la deuxième quinzaine de mai. Il est préférable de le propager par la greffe en tête.

Fruit (Classe V : Fruits gris-roux ; 2e groupe : fruits petits ; 1re catégorie : fruits plats ; 1re section : forme plate). — Fruit très irrégulier, déprimé, oblique, *mamelonné* ou côtelé. *Plat de forme*, parfois d'aspect obconique. Base plate, *plus développée* que le sommet. Épiderme *rugueux*, vert jaunâtre, *recouvert aux deux tiers d'une épaisse plaque de gris roux pâle*, sur lequel tranchent des stries plus vives, marbré, plaqué, réticulé de cette nuance, lavé et non vergeté de rouge brique du côté du soleil. Œil petit, le plus souvent fermé, dans un bassin très irrégulier, fissuré, très plissé, étroit, peu profond et assez souvent à fleur de fruit. Les plis ou nodosités varient de huit à dix, et donnent naissance à des mamelons plus ou moins accusés, dont quelques-uns descendent jusqu'à la base qu'ils sectionnent. Pédoncule variable, long ou mince, parfois *caronculaire*, implanté dans une cavité peu irrégulière, bifide ou trifide ; dans le dernier cas le pédoncule remplit toute la cavité. *Coupe verticale :* L'œil descend *peu*. Le cœur, plus ou moins régulier, est *étroit*, limité par des courbes assez symétriques, émergeant souvent à *angle droit ;* il est placé haut dans l'axe du fruit. Loges très petites. *Coupe transversale :* Circonférence irrégulière, quatre à cinq saillies. Faisceaux sépalaires et pétalaires *généralement* anastomosés.

La pulpe est d'un blanc jaunâtre, douce, relevée d'une pointe d'amertume agréable, dense, cassante, parfumée, rappelant la Reinette grise, moins l'acidité. Le jus est *excessivement coloré.*

Elle offre une grande analogie avec Barbarie ou Gros-Doux-Véret, ainsi qu'avec Rouge-Bruyère, au *volume près.* Sous ce dernier rapport elle est très proche de l'Argile-Nouvelle.

Elle ne mûrit pas complètement à l'arbre et se récolte avant les gelées. Elle peut se conserver assez longtemps au grenier, par suite de la texture de sa pulpe dense; elle est apte, pour la même raison, à subir le transport. Il ne faut pas, cependant, pour en retirer un rendement satisfaisant, la brasser plus tard que les derniers jours de décembre, à cause de l'évaporation qu'elle subit et de la quantité de matières pectiques qu'elle élabore pendant la maturité de garde. Les pommes à *épiderme gris roux*, plus que les autres, donnent lieu à ce phénomène.

Analyse moyenne rapportée à un litre de JUS

Densité	1088	
		gr.
Sucres réducteurs (Interverti et lévulose)		116.716
Saccharose		64.718
Sucre total exprimé en glucose fermentescible		189.840
Tannin		3.400
Matières pectiques et albuminoïdes		15.750
Acidité totale exprimée en acide sulfurique monohydraté		2.112

La *Petit-Doux-Véret* appartient aux espèces d'élite, et, ce qui contribue encore à attirer l'attention sur elle, c'est la nature de ses sucres dont le *saccharose* constitue le tiers à lui seul. Elle appartient donc au groupe des « variétés à saccharose ». Elle peut, seule, composer une marque « cidre alcoolique », mais je me défie de sa limpidité qui doit être difficile à obtenir par suite de sa haute teneur en sucres et en matières pectiques. Le jus de ces sortes de pommes fermente toujours lentement et demande beaucoup plus de précautions que celui des fruits à richesse saccharine moyenne, et leur cidre n'a jamais, à beaucoup près, autant de bouche.

Dans les années d'abondance, je les réserverais pour la production de l'eau-de-vie; dans les années de disette, je les mélangerais à des pommes de densité plus faible. L'étude des mélanges rationnels n'est guère avancée.

Moyennes : Poids, Volume, Densité. — Ces moyennes se rapportent à des fruits de la récolte 1891. Poids : 41 grammes. Volume : 53 cc. Densité : 0,773.

Les *qualités maîtresses* de la *Petit-Doux-Véret* sont : pour l'*arbre*, *fertilité* et *rusticité;* pour le *fruit*, une *moyenne analytique* qui le place dans les *sortes d'élite*, la présence du *saccharose* en quantité notable. Apte à produire une marque « cidre alcoolique », son rôle le plus rémunérateur serait la production de l'eau-de-vie de cidre. *Le fruit et l'arbre ont une valeur à peu près égale.*

Fig. 26. — FRÉQUIN-AUDIÈVRE

Fruit rouge, amer-doux, très parfumé, très bon.

Historique. — Variété nouvelle obtenue de semis par M. Audièvre, d'Yvetot, très répandue dans la Seine-Inférieure, mais encore peu au delà, bien

PLANCHE XIII.

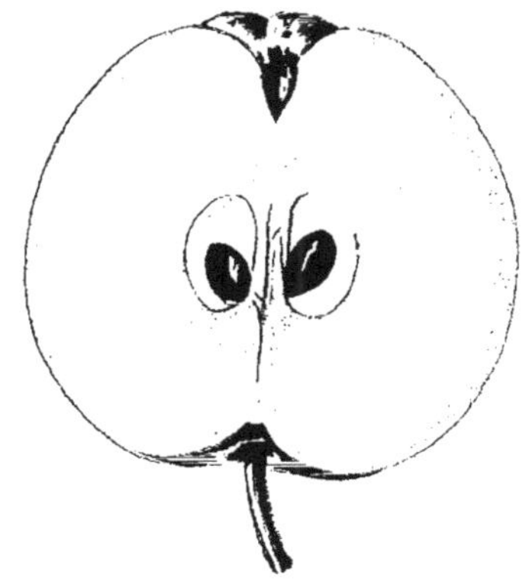

25. Doux-Véret (Petit)

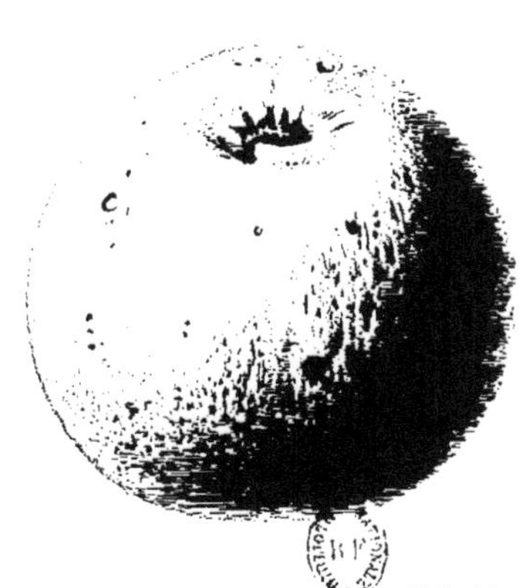

26. Fréquin-Audièvre

A. LEFEVRE Pinx.t

Lith. Monrocq

Imp. sur Zinc Monrocq à Paris

qu'elle le mérite en tous points. Elle a été décrite, pour la première fois, dans le *Cidre*, etc., de MM. de Boutteville et Hauchecorne.

Synonymes. — Pas ou inconnus.

Arbre. — Sain, vigoureux, fertile. Branches charpentières redressées, mais tendant à s'infléchir facilement; de telle sorte que la tête est souvent mixte entre la forme arrondie et pyramidale. Floraison dans la deuxième quinzaine de mai. Sa vigueur permet de le propager par la greffe en pied.

Fruit (Classe I : Fruits rouges; 3e groupe : fruits moyens; 1re catégorie : fruits plats; 1re section : forme plate). — Fruit moyen, présentant deux aspects : *obconique*, le plus répandu, et plat ; forme plate ; peu mamelonné, assez régulier, bien qu'ayant un côté plus développé que l'autre. Base arrondie, *plus développée* que le sommet du fruit, dont le plus grand diamètre est presque vers la hauteur médiane. Épiderme lisse, sujet à l'exsudation visqueuse, jaune, à peine lavé de vert, *plaqué* et *vergeté* de *rouge-brique* sur les trois quarts du fruit; parsemé d'un pointillé gris roux, paraissant gris pâle sur la nuance rouge. Œil de moyenne grosseur, ouvert ou entr'ouvert, à sépales courts, d'un gris tomenteux, dressés ou connivents, dans un bassin *large*, *profond*, assez régulier, renfermant cinq nodosités ou cinq à dix plis, plus ou moins accusés, mais ne servant pas d'amorces à des mamelons. Pédoncule court, gros, charnu, tomenteux, inclus ou implanté dans une cavité *étroite*, régulière, profonde, fortement plaquée de gris roux. *Coupe verticale :* L'œil descend *très peu* ou *point*. Le cœur, assez régulier, est *étroit*, plutôt que moyen, circonscrit par des courbes presque symétriques, émergeant quelquefois en ovale et surtout à *angle droit*. Loges courtes, étroites, généralement géminées. *Coupe transversale :* Circonférence peu irrégulière ne présentant que trois à quatre faibles saillies. Faisceaux sépalaires et pétalaires *non* anastomosés ou très rudimentairement.

La pulpe est d'un blanc jaunâtre, ferme, *amère*, mais d'une amertume agréable, *très parfumée*. Le jus est très coloré.

La *Fréquin-Audièvre* ne me paraît avoir avec la Fréquin rouge que des affinités de troisième degré, car sa *base*, quoique *plus* large que le sommet, n'*offre pas le développement de celle des vrais Fréquins ;* en outre, *l'œil est complètement enfoncé* dans un bassin large, tandis que, dans le vrai type, il est, le plus souvent, *proéminent*. Tels étaient les caractères saillants des fruits que j'ai étudiés ; en est-il toujours ainsi ?

Elle ne mûrit pas à l'arbre, mais au grenier où elle se conserve bien jusqu'à la fin de décembre. Il vaut mieux, pour n'avoir point de déboires, la brasser dans ce mois : elle fabrique abondamment, elle aussi, des matières pectiques pendant la maturité de garde.

Analyse moyenne rapportée à un litre de JUS et à un KILO de PULPE

	JUS	PULPE
Densité	1070	1006
	gr.	gr.
Sucres réducteurs (Interverti et lévulose)	109.090	93.333

	gr.	gr.
Saccharose	39.434	24.597
Sucre total exprimé en glucose fermentescible	150.620	119.224
Tannin	2.100	0.588
Matières pectiques et albuminoïdes	15.900	8.200
Acidité totale exprimée en acide sulfurique monohydraté	0.575	0.184

Analyse CENTÉSIMALE du JUS et de la PULPE (récolte 1892)

	gr.	gr.
Eau de végétation et principes volatils à + 100°	82.760	81.700
Sucres réducteurs (Interverti et lévulose)	10.195	9.333
Saccharose	3.687	2.459
Tannin	0.196	0.058
Matières pectiques et albuminoïdes	1.485	0.820
Acidité totale exprimée en acide malique	0.073	0.025
Sels et divers	1.604	»
Marc épuisé, séché à 100°; sels et divers	»	5.605
	100.000	100.000

La *Fréquin-Audièvre* a une composition chimique qui la place dans les espèces d'élite; malgré sa richesse saccharine élevée, son quantum tannique et pectique, en tenant compte des réactions réciproques, et le parfum qui lui est propre m'incitent à la proposer pour la création d'une marque « cidre alcoolique amer et moelleux ». J'ai la conviction que ce cidre sera exquis et très bouqueté.

Moyennes : Poids, Volume, Densité. — Ces moyennes se rapportent à la récolte 1892. Poids : 46 grammes. Volume : 58 cc. Densité : 0,782. Les qualités maîtresses de la *Fréquin-Audièvre* sont : pour *l'arbre*, *vigueur* et *fertilité;* pour le *fruit*, une *heureuse proportion* de tous les éléments nécessaires à la création d'une marque « cidre alcoolique amer et moelleux ». *L'arbre et le fruit ont une grande valeur; le fruit me semble, cependant, primer l'arbre.*

PLANCHE XIV

Fig. 27. — FRÉQUIN TARDIF

Historique. — Variété ancienne, d'origine inconnue, encore peu répandue si ce n'est dans les départements de l'Orne et de la Sarthe, un peu aussi dans le pays d'Auge.

Synonymes. — Fréquin d'hiver, Gros Fricain d'hiver.

Arbre. — Rustique, sain, très vigoureux, très fertile. Branches charpentières dressées, fortes, se ramifiant bien, tête plutôt pyramidale qu'arrondie. Floraison dans la dernière quinzaine de mai. L'arbre est assez vigoureux pour être propagé par la greffe en pied.

Fruit (Classe I : Fruits rouges; 3e groupe : fruits moyens; 1re catégorie : fruits plats; 1re section : forme plate). — Fruit présentant deux aspects : plat et obconique; *forme plate;* assez régulier; à peine mamelonné. Base *plus développée* que le sommet du fruit dont la plus grande largeur est plus près du pédoncule que de l'œil. Épiderme lisse, jaune verdâtre, lavé, plaqué et surtout *très vergeté* de *rouge sombre* sur la plus grande partie du fruit. Œil gros, le plus souvent fermé, à sépales longs, grisâtres, tomenteux, dans un bassin étroit, peu profond, qu'il remplit aux 3/4; pourvu, en outre, de 2 à 3 nodosités fort peu saillantes et qui semblent être, cependant, le point de départ des mamelons. Pédoncule variable de longueur et de grosseur, inséré ou implanté dans une cavité étroite, irrégulière, fissurée, profonde, plus ou moins plaquée de gris roux pâle. *Coupe verticale :* L'œil descend *moyennement*. Le cœur, très *variable de dimensions*, est irrégulier, et plutôt étroit que moyen, limité par des courbes symétriques émergeant à *angle droit* et en ovale.

La pulpe est blanc-jaunâtre, juteuse, *amère*, d'une amertume agréable, parfumée. Le jus est bien coloré.

La *Fréquin tardif* se récolte avant les gelées et n'acquiert sa maturité qu'au grenier où elle se garde assez bien; toutefois, il est préférable de la brasser dans les derniers jours de décembre plutôt qu'en janvier.

Analyse moyenne rapportée à un litre de JUS et à un KILO de PULPE
(échantillon de la récolte 1887)

Densité	1063		
		gr.	gr.
Sucres réducteurs (Interverti et lévulose)		110.526	101.818
Saccharose		27.437	12.995
Sucre total exprimé en glucose fermentescible		139.428	115.496
Tannin		4.146	0.776

	gr.	gr.
Matières pectiques et albuminoïdes	3.265	4.400
Acidité totale exprimée en acide sulfurique monohydraté	2.390	0.622

Je n'ai point étudié cette variété autant que les autres, à beaucoup près, et je ne lui ai ouvert ces pages qu'à la suite des recommandations de cultivateurs qui avaient pour elle la plus grande estime. Aussi la réserverai-je pour la mélanger avec des fruits pauvres en tannin.

Les *qualités maîtresses* de la *Fréquin tardif* sont : pour *l'arbre*, une *vigueur* et une *fertilité très grandes;* pour le *fruit*, une *richesse tannique* bien au-dessus de la moyenne. Elle rendra plus de services dans les mélanges qu'autrement. *L'arbre prime le fruit.*

Fig. 28. — GERBAUDAIS

Fruit gris-roux, acidulé, excellent.

Historique. — Variété ancienne, d'origine inconnue, spéciale à la Bretagne et particulièrement à l'arrondissement de Ploërmel, dont le *Syndicat* a pris l'initiative de la faire connaître.

Synonymes. — Inconnus.

Arbre. — Sain, rustique, fertile et vigoureux. Branches charpentières assez fortes, plutôt étalées que redressées, ramifiées ; tête arrondie. Floraison dans la dernière quinzaine de mai. Il est préférable, pour la propager, de recourir à la greffe en tête.

Fruit (Classe V : Fruits gris roux ; 2e groupe : fruits petits ; 1re catégorie : fruits plats ; 2e section : deux formes, plate et conique). — Fruit peu irrégulier, mamelonné, présentant deux aspects et deux formes : *plate* et *conique*. Base plate, *plus développée* que le sommet. Épiderme mi-lisse, mi-rugueux, jaune verdâtre, *fortement marbré de roux* un peu partout et surtout dans le voisinage de l'œil. Œil moyen, le plus souvent à fleur de tête, rarement dans un bassin étroit qu'il remplit à peu près. Pédoncule presque toujours long, fortement renflé à son extrémité, tomenteux, inséré dans une cavité très étroite, peu profonde, régulière, plaquée de roux, hérissée de petites stries rugueuses. *Coupe verticale :* L'œil descend *peu;* le cœur est aussi souvent large que moyen, limité par des courbes symétriques, émergeant à *angle droit* ou en ovale. Loges longues, étroites, géminées. *Coupe transversale :* Circonférence irrégulière, quatre à cinq saillies peu prononcées; faisceaux sépalaires et pétalaires *irrégulièrement* anastomosés.

La pulpe est blanche, fine, fondante, parfumée, très *acidulée*. Le jus est très pâle.

Elle se place à la suite de la Douze à Gober, dont elle se distingue par un *volume moindre*, une *plus grande conicité* chez certains fruits et surtout une *acidité bien supérieure*.

PLANCHE XIV.

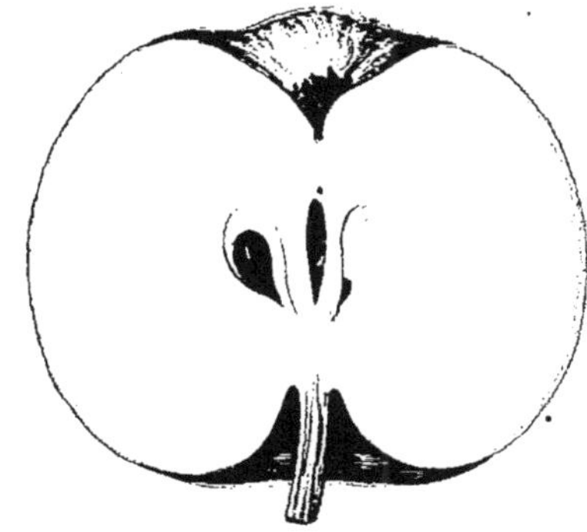

27. Fréquin Tardif

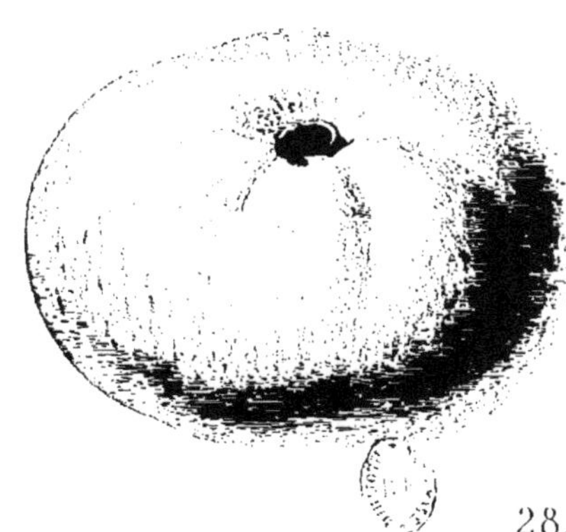
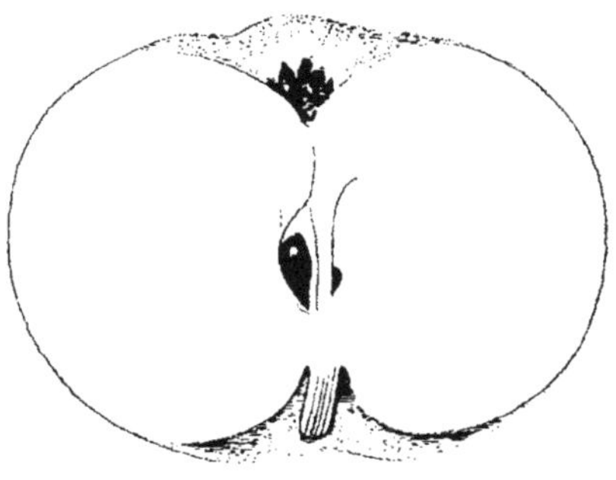

28. Gerbaudais

A. LEFEVRE Pinx.it Lith. MONROCQ

Imp. sur Zinc MONROCQ à Paris

La *Gerbaudais* se récolte avant les gelées et mûrit au grenier. Comme elle élabore, pendant la maturité de garde, une grande quantité de matières pectiques, il importe de n'attendre pas trop longtemps pour la brasser ; décembre me paraît être la limite raisonnable.

Analyse moyenne rapportée à un litre de JUS

Densité	1111
	gr.
Sucres réducteurs (Interverti et lévulose)	198.179
Saccharose	24.208
Sucre total exprimé en glucose fermentescible	224.180
Tannin	1.937
Matières pectiques et albuminoïdes	14.250
Acidité totale exprimée en acide sulfurique monohydraté	6.815

La *Gerbaudais*, par sa moyenne analytique, appartient aux espèces d'élite ; il est bon de dire que les échantillons dont elle provient correspondent plutôt à un maximum. Mais ce qui attire surtout l'attention, c'est son *acidité*. Certes, avec les idées reçues jusqu'à ce jour, on s'étonnera, peut-être, de la place que je lui accorde ici ; je l'ai fait à dessein, parce que je suis convaincu que, s'il ne faut pas *des* variétés acides pour la préparation du cidre, *une* variété, surtout lorsqu'elle possède une composition comme la Gerbaudais, doit être acceptée d'emblée.

L'étude du rôle des levures, dans la fabrication du cidre, n'est pas encore assez avancée pour permettre d'en tirer des conclusions rigoureuses ; mais on sait que la fermentation exige une certaine acidité pour que quelques-unes de ces levures — et des bonnes — trouvent un milieu de culture favorable. La *Gerbaudais*, à ce titre, peut donc remplir un but utile, et il ne reste plus qu'à déterminer la proportion dans laquelle il faut la faire entrer dans des mélanges.

Moyennes : Poids, Volume, Densité. — Ces moyennes se rapportent à des fruits de la récolte 1891. Poids : 24 grammes. Volume : 29 cc. Densité : 0,817.

Les *qualités maîtresses* de la *Gerbaudais* sont : pour l'*arbre*, *rusticité* et *vigueur* ; pour le *fruit*, une *composition chimique qui la met hors de pair* ; quant à son *acidité*, elle peut, à un moment donné, remplir un rôle utile pour activer la fermentation du jus des pommes dans le mélange desquelles sa place est bien marquée. Je la réserve, en effet, soit pour les mélanges, soit pour la production de l'eau-de-vie de cidre. *Le fruit prime l'arbre.*

PLANCHE XV

Fig. 29. — GRISE-DIEPPOIS

Fruit gris-roux, amer-doux, excellent.

Historique. — Variété nouvelle obtenue de semis par M. Dieppois, pépiniériste. Très répandue dans la Seine-Inférieure, elle le sera dans tous les centres cidriers avant peu ; elle le mérite hautement.

Synonymes. — Pas ou inconuus.

Arbre. — Sain, rustique, vigoureux, fertile. Branches charpentières redressées, bien ramifiées; tête pyramidale. Floraison dans la première quinzaine de mai. On peut la propager par la greffe en pied.

Fruit (Classe V : Fruits gris roux ; 2e groupe : fruits petits ; 1re catégorie : fruits plats : 1re section : forme plate). — Fruit assez régulier, à peine mamelonné, d'aspect obconique, mais de *forme plate*. Base arrondie *plus développée* que le sommet. Épiderme très rugueux, d'un *gris roux-doré*, *uniforme*, sur lequel tranche un réseau de marbrures d'une nuance plus pâle ; lavé de rouge-brique. Œil très petit, fermé, à fleur de tête ou dans un bassin très étroit, peu profond, renfermant des nodosités qui ne se continuent guère au delà. Pédoncule de longueur moyenne, assez gros, inséré dans une cavité peu irrégulière, étroite, qu'il remplit presque complètement. Pourtour de la même nuance que le reste de l'épiderme. *Coupe verticale :* L'œil ne descend *pas*. Le cœur, assez régulier, est *étroit*, limité par des courbes symétriques, émergeant aussi souvent à *angle* droit qu'en ovale. Loges grandes, arquées, géminées. *Coupe transversale :* Circonférence peu irrégulière, quatre à cinq petites saillies. Faisceaux sépalaires et pétalaires *anastomosés*.

La pulpe est blanche, très ferme, *amère*, mais d'une amertume qui est loin d'être aussi sensible au palais que la quantité de tannin trouvée pourrait le laisser supposer; parfumée. Le jus est bien coloré.

La *Grise-Dieppois* présente de grandes affinités avec la Médaille d'or, dont elle se distingue par une *forme plus obconique* et un *volume moindre ;* sa place est non loin d'elle.

Elle n'acquiert sa maturité complète qu'au grenier, et, comme la majorité des fruits gris-roux, elle fabrique pendant cette période une grande quantité de matières pectiques ; aussi convient-il de ne point la garder trop longtemps. Le meilleur moment pour la brasser avec profit est vers le 20 décembre ; plus tard, il serait prudent de l'associer à des variétés telles que Bédan et Binet.

Analyse rapportée à un litre de JUS

Densité	1094
	gr.
Sucres réducteurs (Interverti et lévulose)	116.616
Saccharose	81.051
Sucre total exprimé en glucose fermentescible	201.932
Tannin	2.257
Matières pectiques et albuminoïdes	16.250
Acidité totale exprimée en acide sulfurique monohydraté	1.577

La Grise-Dieppois a été placée d'emblée dans les espèces réellement supérieures et la moyenne analytique ci-dessus le confirme pleinement. Ce qui m'a toujours frappé, c'est *la constance avec laquelle ce fruit produit le saccharose;* je crois que, sur ce point, il mérite le premier rang parmi les variétés appartenant à ce groupe. Je n'ose, tant qu'on ne recourra pas à l'emploi des levures pour activer et régulariser la fermentation des jus, conseiller la création de marques avec des fruits possédant une telle richesse saccharine équivalant à plus de 12 0/0 d'alcool. Je craindrais que la fermentation ne traînât en longueur et n'engendrât des produits secondaires désagréables. Le mieux est de l'associer aux espèces à plus faible densité, ou bien encore, de la réserver pour la production de l'eau-de-vie, qu'elle produira en quantité très rémunératrice.

Moyennes : Poids, Volume, Densité. — Ces moyennes se rapportent à des fruits de la récolte 1891. Poids : 32 grammes. Volume : 42 cc. Densité : 0,762.

Les *qualités maîtresses* de la *Grise-Dieppois* sont : pour l'arbre, *fertilité* et *vigueur ;* pour le *fruit*, une *concentration de tous les principes utiles à un haut degré*, surtout au point de vue des *sucres*, parmi lesquels le *saccharose* figure dans une proportion très rare, même chez les meilleurs fruits appartenant à ce groupe. Un des meilleurs emplois du jus est la production de l'eau-de-vie de cidre. *Le fruit prime l'arbre.*

Fig. 30. — MARIN-ONFROY

Fruit rouge, doux, parfumé, excellent.

Historique. — Variété très ancienne, apportée de Biscaye par un gentilhomme normand, nommé *Marin Onfroy*, qui lui donna son nom. A la suite d'une étude que j'ai faite sur les *Fruits à cidre de l'Espagne* [1], je suis à peu près certain d'avoir retrouvé dans la *Macasyorrya* l'ancêtre de notre Marin-Onfroy. Elle est très répandue dans tous les centres cidriers, sous les noms les plus différents.

Synonymes. — Marin-Honfroy, Marie-Haufraye, Marie-Aufray, Hamelet, Dameret, Orgueil, Omelette, Roquet.

Arbre. — Rustique, sain, fertile, assez vigoureux. Branches charpentières fortes, horizontales, bien ramifiées ; tête arrondie. Floraison dans la dernière

1. *Études de Pomologie comparée :* Fruits à cidre de l'Espagne.

PLANCHE XV

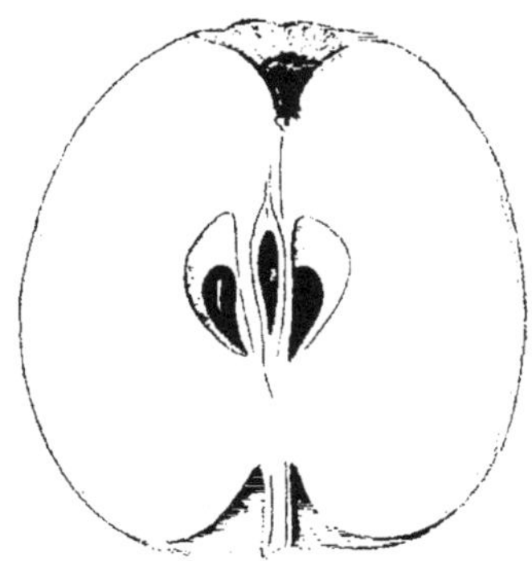

29. Grise-Dieppois

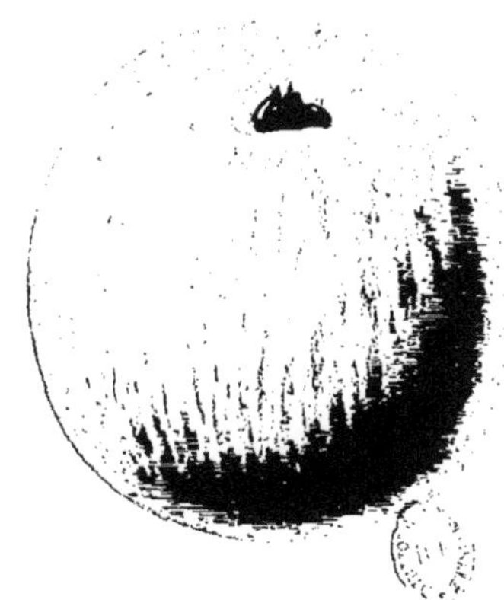

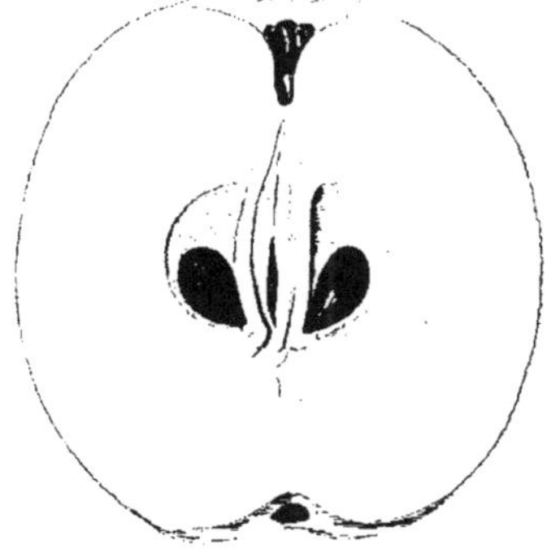

30. Marin-Onfroy

A. LEFEVRE Pinx^it Lith. MONROCQ

Imp. sur Zinc Monrocq à Paris

quinzaine de mai. L'arbre n'est plus assez vigoureux pour être propagé par la greffe en pied ; il lui faut celle en tête.

Fruit (Classe 1 : Fruits rouges; 3e groupe : fruits moyens; 1re catégorie : fruits plats; 1re section : 2 formes, plate et conique). — Fruit irrégulier, oblique, *mamelonné*, parfois côtelé ; présentant deux aspects et *deux formes : plate*, très répandue ; *conique*, assez rare. Base arrondie, *plus développée* que le sommet du fruit dont le plus grand diamètre se trouve plus éloigné de l'œil que du pédoncule. Épiderme fortement lavé et *vergeté* de carmin alternant avec des bandes jaunes. Œil petit ou moyen, fermé, dans un bassin étroit, profond, pourvu de sept à huit nodosités, origines d'autant de mamelons plus ou moins accusés, se terminant souvent à la base du fruit. Pédoncule plutôt court, assez gros, presque toujours inclus dans une cavité qu'il remplit aux trois quarts et dont le pourtour est plaqué de roux hérissé de stries plus foncées. *Coupe verticale :* L'œil descend *profondément*. Le cœur est moyen ou *étroit*, limité par des courbes presque symétriques, émergeant généralement à *angle droit*. Loges moyennes, bien arquées. *Coupe transversale :* Circonférence très irrégulière, huit à dix protubérances prononcées. Faisceaux sépalaires et pétalaires *non* anastomosés.

La pulpe est d'un blanc jaunâtre, *ferme*, *douce*, bien parfumée. Le jus est coloré.

J'ai choisi cette variété, une des plus anciennes, des plus authentiques et des plus répandues que nous ayons, pour en faire le septième de mes neuf types, le *chef du groupement des fruits rouges vergetés et mamelonnés*.

La *Marin-Onfroy* est récoltée avant sa maturité qu'elle n'atteint qu'au grenier, où elle peut rester plusieurs mois par suite de la fermeté de sa pulpe ; il importe, toutefois, de la surveiller à cause de la production des matières pectiques. Elle est apte aux transports.

Analyse moyenne rapportée à un LITRE de JUS et à un KILO de PULPE

Densité	1078	1006.5
	gr.	gr.
Sucres réducteurs (Interverti et lévulose)	135.131	116.278
Saccharose	33.821	15.438
Sucre total exprimé en glucose fermentescible	171.044	132.528
Tannin	2.440	1.486
Matières pectiques et albuminoïdes	16.900	10.400
Acidité totale exprimée en acide sulfurique monohydraté	1.739	0.760

Analyse CENTÉSIMALE du JUS et de la PULPE (récolte 1891)

	gr.	gr.
Eau de végétation et principes volatils à + 100°	80.600	78.506
Sucres réducteurs (Interverti et lévulose)	12.535	11.627
Saccharose	3.137	1.543
Tannin	0.226	0.148
Matières pectiques et albuminoïdes	1.567	1.040
Acidité totale exprimée en acide sulfurique monohydraté	0.221	0.103
Sels et divers	1.714	»
Marc épuisé, séché à 100° ; sels et divers	»	7.033
	100.000	100.000

La *Marin-Onfroy*, avant l'obtention des nouvelles variétés de la Seine-Inférieure — variétés d'élite, — était au nombre des plus renommées. Les praticiens et les consommateurs lui avaient reconnu une valeur indéniable que l'analyse a pleinement confirmée. Malheureusement, si la qualité du fruit n'a pas baissé, tant s'en faut, la vigueur de l'arbre a quelque peu diminué. De l'avis de praticiens sérieux, l'arbre, sur les plateaux, végète péniblement; pour moi, qui le vois pousser dans les vallées, je n'ai point fait la même constatation. Aussi, étant donnée la valeur réelle de cette variété si authentique, lui ai-je ouvert, toutes grandes, les barrières d'un verger d'élite, tout en admettant la restriction ci-dessus.

Coefficient de déperdition. — Un kilogramme de fruits assortis a perdu 195 grammes en 70 jours, ce qui donne 2 gr. 78 par jour.

Moyennes : Poids, Volume, Densité. — Ces moyennes se rapportent à la récolte 1891 ; les fruits étaient plus petits que de coutume. Poids : 27 grammes. Volume : 32 cc. Densité : 0,839.

Les *qualités maîtresses* de la *Marin-Onfroy* sont : pour l'*arbre*, une *bonne fertilité* et une assez grande vigueur dans les *vallées;* pour le *fruit*, une *heureuse proportion de tous les éléments utiles* pour la création d'une marque « cidre alcoolique moelleux ». Toutefois, il faut surveiller les matières pectiques. *Le fruit prime l'arbre.*

PLANCHE XVI

Fig. 31. — MEAUGRIS

Fruit rouge, amer-doux, parfumé, excellent.

Historique. — Variété ancienne, d'origine inconnue, dont il n'est question dans aucun ouvrage pomologique. Elle est cultivée dans le pays d'Auge, notamment dans l'arrondissement de Pont-l'Évêque.

Synonymes. — Point ou inconnus.

Arbre. — Rustique, sain, vigoureux, fertile. Branches charpentières grosses, divergentes, semi-verticales; tête pyramidale. Floraison vers la fin mai. L'arbre se propage aussi bien par la greffe en tête que par celle en pied.

Fruit (Classe 1 : Fruits rouges ; 3e groupe : fruits moyens ; 1re catégorie : fruits plats ; 2e section : 2 formes, plate et conique. — Fruit moyen, irrégulier, déprimé plus ou moins, mamelonné, côtelé, présentant *deux aspects* et *deux formes*. *Base plus large que le sommet*. Épiderme aux trois quarts lavé, plaqué et *vergeté* de carmin. Œil gros, fermé, dans un bassin irrégulier, fissuré, profond, pourvu de six à huit nodosités, origines d'autant de mamelons *descendant jusqu'à la base*. Pédoncule plutôt long, de grosseur moyenne et implanté dans une cavité évasée, fissurée, caractérisée par l'absence de gris roux remplacé par une teinte verte. *Coupe verticale :* L'œil descend d'une façon très variable : tantôt *beaucoup ;* tantôt *peu*. Le cœur est, ou large ou étroit, généralement régulier, émergeant à angle *droit*. Loges grandes, très arquées, souvent géminées. *Coupe transversale :* Circonférence très irrégulière, six à huit saillies dont plusieurs très accentuées. Faisceaux sépalaires et pétalaires *non* anastomosés.

La pulpe est blanche, *ferme*, *dure même*, *amère*, parfumée. Le jus est très coloré ; la couleur *blond rougeâtre* convient très bien pour la *préparation* des *cidres mousseux :* elle est très jolie.

La *Meaugris* ressemble, à s'y méprendre, à la Marin-Onfroy. Il y a, cependant, une différence dans les côtes plus saillantes de la *Meaugris*, dans l'absence de gris roux, dans l'*amertume* de la pulpe, alors que celle de la Marin-Onfroy est *douce*. La Meaugris ne mûrit pas complètement à l'arbre, mais au grenier où, à cause de la fermeté de sa pulpe, elle peut rester très longtemps. Pour la même raison elle supporte bien les transports. C'est une troisième hâtive, au point de vue de l'arbre, et une véritable tardive quant au fruit.

Analyse moyenne rapportée à un LITRE de JUS et à un KILO de PULPE

	Jus	Pulpe
Densité	1071	1006.5
	gr.	gr.
Sucres réducteurs (Interverti et lévulose)	122.562	106.661

	gr.	gr.
Saccharose	32.107	19.925
Sucre total exprimé en glucose fermentescible	156.364	127.684
Tannin	5.275	5.947
Matières pectiques et albuminoïdes	15.197	10.650
Acidité totale exprimée en acide sulfurique monohydraté	1.404	0.484

Analyse CENTÉSIMALE du JUS et de la PULPE (moyennes)

	gr.	gr.
Eau de végétation et principes volatils à + 100°	81.559	77.550
Sucres réducteurs (Interverti et lévulose)	11.411	10.666
Saccharose	2.989	1.992
Tannin	0.491	0.594
Matières pectiques et albuminoïdes	1.415	1.065
Acidité totale exprimée en acide malique	0.177	0.066
Sels et divers	1.958	»
Marc épuisé, séché à 100°; sels et divers	»	8.067
	100.000	100.000

La *Meaugris* se montre digne de pouvoir être confondue avec la Marin-Onfroy, non seulement sous le rapport physique, mais aussi au point de vue analytique, sauf pour le tannin, toutefois. Je me suis expliqué plus haut sur l'avantage que je trouve à la réunion des principes tanniques et pectiques, je n'y reviendrai point. La *Meaugris* peut servir à la création d'une marque « cidre alcoolique amer et parfumé », tout aussi bien que dans les mélanges avec des fruits pauvres en tannin.

Coefficient de déperdition. — Un kilogramme de fruits assortis a perdu 195 grammes en 122 jours, ce qui donne 1 gr. 60 par jour.

Les *qualités maîtresses* de la *Meaugris* sont : pour *l'arbre*, *fertilité*, *rusticité*, *vigueur;* pour le *fruit*, une densité élevée, une *richesse saccharine notable* dans laquelle le *saccharose* entre pour une bonne proportion. Elle convient, soit pour la création d'une marque « cidre alcoolique amer et parfumé », soit pour les mélanges avec les fruits peu riches en tannin. *Le fruit prime l'arbre.*

Fig. 32. — MICHELIN

Fruit jaune-verdâtre, très ferme, amer-doux, excellent.

Historique. — Variété nouvelle obtenue de semis par M. Legrand, pépiniériste à Yvetot. Très répandue dans la Seine-Inférieure, elle l'est encore peu dans les autres départements; elle mérite de l'être. Décrite pour la première fois par M. Power, *Monographies*, etc.

Synonymes. — Point ou inconnus.

Arbre. — Rustique, sain, vigoureux, très fertile. Branches charpentières assez grosses, tantôt redressées, tantôt semi-horizontales, bien ramifiées cependant; tête plutôt arrondie que pyramidale. Floraison vers la fin mai. Il est préférable de le propager par la greffe en tête.

PLANCHE XVI.

31. Meaugris

32. Michelin

A. LEFÈVRE Pinx.it Lith. Monrocq

Imp. sur Zinc Monrocq à Paris

Fruit (Appartient à la classe IV : Fruits jaune-verdâtre ; 2e ou 3e groupe : fruits petits ou moyens; 1re catégorie : fruits plats; 2e section : deux formes, plate et conique). — Fruit de volume variable, peu irrégulier, *d'aspect obconique*, mais offrant les *deux formes : plate et conique*. Base *plus large* que le sommet. Épiderme *jaune verdâtre*, parsemé d'un fin pointillé grisâtre, se réunissant rarement en marbrures distinctes, à peine lavé de rouge-brique. Œil moyen, souvent clos, dans un bassin étroit, assez irrégulier, peu profond, parfois à fleur de fruit et caractérisé par un *cercle bistré* que l'on rencontre rarement dans les fruits; pourtour pourvu de cinq à six nodosités. Pédoncule long, assez gros, fortement renflé à son extrémité inférieure, inséré dans une cavité assez régulière, infundibuliforme, profonde, fortement tapissée à l'intérieur et sur le pourtour d'une teinte gris roux pâle sur lequel tranchent des stries roux doré. *Coupe transversale :* L'œil descend *peu*. Le cœur, presque régulier, est de *largeur moyenne* plutôt que large, entouré de courbes assez symétriques, émergeant obliquement ou en ovale. *Coupe transversale :* Circonférence irrégulière, présentant cinq à six saillies plus ou moins accusées. Faisceaux sépalaires *non* anastomosés.

La pulpe est *très ferme*, *douce-amère*, mais d'une amertume peu sensible et non en rapport avec la quantité de tannin trouvée à l'analyse; moyennement parfumée. Le jus est d'une coloration très variable; cependant, au-dessus de la moyenne.

Elle offre quelques affinités avec la Jaunet et la Fréquin rouge, au point de vue des deux formes qu'elle affecte, mais le coloris est tout différent.

Analyse moyenne rapportée à un litre de JUS

Densité	1072	
		gr.
Sucres réducteurs (Interverti et lévulose)		98.249
Saccharose		54.109
Sucre total exprimé en glucose fermentescible		155.206
Tannin		4.768
Matières pectiques et albuminoïdes		6.250
Acidité totale exprimée en acide sulfurique monohydraté		1.587

La Michelin est loin d'être mûre au moment où on la récolte à l'arbre; elle doit rester assez longtemps au grenier pour acquérir sa maturité de garde complète. Elle ne semble pas, pendant cette période, élaborer beaucoup de matières pectiques. La fermeté de sa pulpe lui permet de supporter les transports.

La *Michelin* n'est pas un beau fruit, mais elle appartient certainement aux meilleurs. La nature de ses sucres, dont le *saccharose* constitue une partie notable, mérite l'attention ainsi que son *quantum tannique*. Je ne la juge pas assez parfumée pour en faire une marque; je préfère en conseiller l'emploi avec des fruits pauvres en tannin.

Moyennes : Poids, Volume, Densité. — Ces moyennes se rapportent à des fruits de la récolte 1891. Poids : 29 grammes. Volume : 37 cc. Densité : 0.771.

Les *qualités maîtresses* de la *Michelin* sont : pour *l'arbre*, *fertilité* et *rusticité;* pour le *fruit*, un *heureux pourcentage* des éléments utiles, parmi lesquels le *saccharose* et le *tannin* occupent un rang important. La fermeté de sa pulpe lui permet de supporter la garde et le transport. *Le fruit prime l'arbre.*

PLANCHE XVII

Fig. 33. — MUSCADET (PETIT)

Fruit jaune-verdâtre, doux-amer, parfumé, très bon.

Historique. — Variété ancienne, d'origine inconnue. Julien de Paulmier la cite page 59 de son *Traité*, etc. Depuis, elle figure sur toutes les listes de pommes des différents pomologues; je la tiens pour une espèce excessivement répandue — générique. Sous son nom on désigne plusieurs variétés différentes, surtout par le volume et le coloris.

Synonymes. — Muscadet, Petit, Gros-Muscadet.

Arbre. — Sain, rustique, assez vigoureux, fertile. Branches charpentières divergentes, assez grosses, plus ou moins ramifiées; tête arrondie. Floraison dans la première quinzaine de mai. Il est préférable de le propager par la greffe en tête.

Fruit (Classe IV : Fruits jaune-verdâtre; 2e ou 3e groupe : fruits petits ou moyens; 1re catégorie : fruits plats; 1re section : forme plate). — Fruit plus ou moins irrégulier, présentant deux aspects : cylindrique et plat; *forme plate*. Base *plus développée* que le sommet. Épiderme *vert jaunâtre*, ou inversement, nuancé parfois du côté du soleil d'une teinte carmin pâle ou rouge-brique, laquelle est quelquefois remplacée par un pointillé. Œil assez grand, fermé ou entr'ouvert, dans une cavité irrégulière, pourvue de nodosités qui, généralement, ne se continuent pas au delà. Pédoncule gros, ligneux, remplissant parfois toute la cavité et ayant une tendance à devenir *caronculaire*. La cavité est, quelquefois, étroite et profonde, parfois nulle, tapissée de gris roux. *Coupe verticale :* L'œil descend *profondément*. Le cœur, assez régulier, est *large* plutôt que moyen, limité par des courbes symétriques émergeant à *angle droit*. *Coupe transversale :* Circonférence très irrégulière, cinq à six saillies. Faisceaux *sépalaires* et *pétalaires non* anastomosés, chez l'ancienne variété; *anastomosés*, chez la nouvelle.

La pulpe est d'un blanc jaunâtre, ferme, *douce*, *parfumée*. Le jus a une coloration plutôt supérieure à la moyenne.

Les affinités de cette variété sont assez faibles, cependant on peut dire que la *Bergerie* de Villerville se place non loin d'elle. Il existe une Muscadet de Bernay, obtenue par M. Cordier, pépiniériste, qui est excellente et qui ne diffère que par un coloris plus vif, plus rouge-brique.

La *Petit-Muscadet* ne mûrit pas à l'arbre, mais au grenier, où elle peut se conserver longtemps. Elle est apte aux transports.

Analyse moyenne rapportée à un LITRE de JUS et à un KILO de PULPE

Densité	1074	1007
	gr.	gr.
Sucres réducteurs (Interverti et lévulose)	137.310	124.444
Saccharose	28.383	9.922
Sucre total exprimé en glucose fermentescible	167.372	134.888
Tannin	3.960	10.100
Matières pectiques et albuminoïdes	13.200	7.400
Acidité totale exprimée en acide sulfurique monohydraté	1.254	0.368

Analyse CENTÉSIMALE du JUS et de la PULPE (Muscadet de Bernay)

	gr.	gr.
Eau de végétation et principes volatils à 100°	83.138	78.730
Sucres réducteurs (Interverti et lévulose)	12.060	12.444
Saccharose	2.036	0.992
Tannin	0.739	1.010
Matières pectiques et albuminoïdes	1.120	0.740
Acidité totale exprimée en acide malique	0.266	0.050
Sels et divers	0.641	»
Marc épuisé, séché à + 100°; sels et divers	»	6.034
	100.000	100.000

La *Muscadet* est une bonne variété avec laquelle on peut fabriquer une marque « cidre alcoolique doux et parfumé ». Le tannin et les matières pectiques s'y trouvent en proportion convenable pour produire une excellente boisson limpide et délicate.

Moyennes : Poids, Volume, Densité. — Ces moyennes se rapportent à la récolte 1890. Poids : 48 grammes. Volume : 63 cc. Densité : 0,762.

Les *qualités maîtresses* de la *Muscadet* sont : pour *l'arbre*, *fertilité* et *vigueur ;* pour le *fruit*, un *heureux pourcentage de tous les principes utiles*, une *pulpe ferme* qui la rend apte à la garde et aux transports ; un *parfum délicat. Le fruit prime l'arbre.*

Fig. 34. — PEAU-DE-VACHE NOUVELLE

Fruit rouge-verdâtre, doux, parfumé, excellent.

Historique. — Variété nouvelle dont la plus connue est due à M. Legrand, pépiniériste, à Yvetot. Il en existe plusieurs provenant également de semis qui méritent bien ce nom, parce qu'elles rappellent de très près les caractères de l'antique et excellente *Peau-de-Vache;* elles sont cultivées dans différents centres cidriers de la Normandie. Leur valeur en amènera bientôt la diffusion.

Synonymes. — Peau-de-Vache régénérée, musquée.

Arbre. — Rustique, sain, vigoureux, fertile. Branches charpentières à demi verticales, bien ramifiées ; tête arrondie. Floraison vers la fin de mai. Il peut se propager par la greffe en pied, car il est très vigoureux.

PLANCHE XVII.

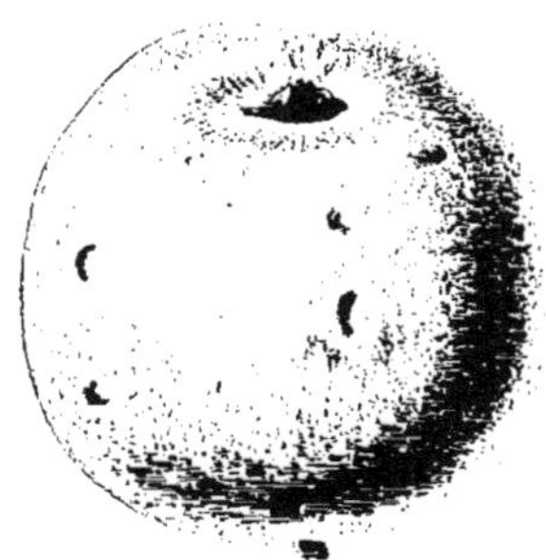

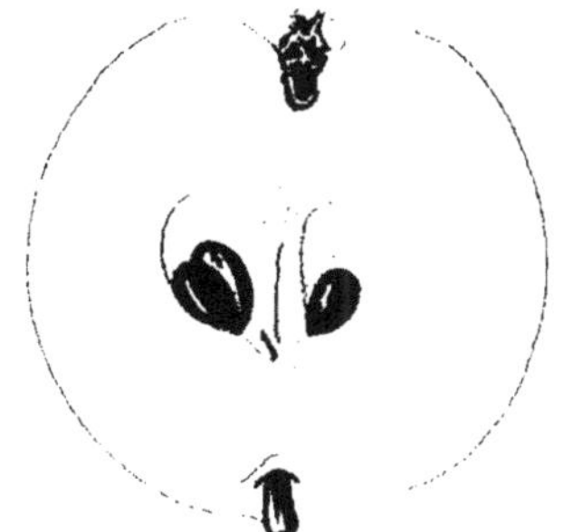

33. Muscadet *(Petit)*

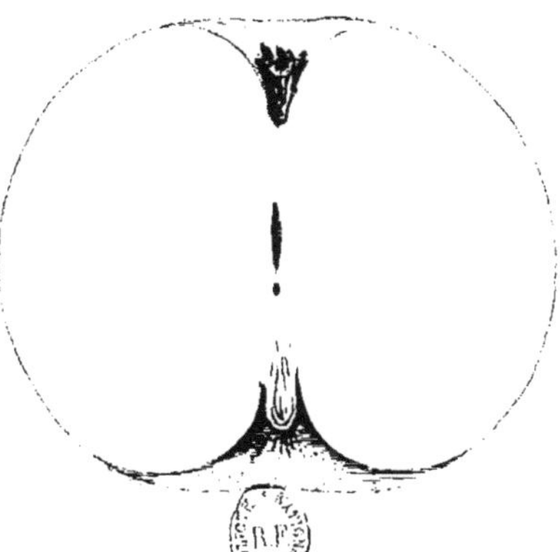

34. Peau de Vache *(Nouvelle)*

A. LEFÈVRE Pinx.t Lith. Monrocq

Imp. sur Zinc Monrocq à Paris

Fruit (Classe IV : Fruits jaune verdâtre; 3e groupe : fruits moyens; 1re catégorie : fruits plats; 1re section : forme plate). — Fruit peu irrégulier, *mamelonné*, comme scindé en deux parties; dont l'une plus développée que l'autre, *plat d'aspect et de forme*. Base variable, généralement *aplatie* et *plus large que le sommet*. Épiderme *lisse* et *luisant*, lavé et plaqué de carmin ou de rouge-brique, rarement vergeté; pourvu d'un fin pointillé gris roux, se réunissant en marbrures plus ou moins développées, surtout aux deux extrémités du fruit. Œil petit ou moyen, entr'ouvert, dans un bassin profond, fissuré, de volume très irrégulier, dont le pourtour souvent tapissé de roux est recouvert de petites stries rugueuses de nuance plus foncée. Pédoncule court, assez gros, inséré dans une cavité généralement étroite, peu profonde, caractérisée comme le pourtour oculaire, mais plus fortement. *Coupe verticale :* L'œil descend *profondément*. Le cœur, irrégulier, est *étroit*, limité par des courbes émergeant à *angle droit* ou en ovale. *Coupe transversale :* Circonférence irrégulière, cinq à sept saillies. Faisceaux sépalaires et pétalaires *non* anastomosés ou irrégulièrement.

La pulpe est ferme, *douce*, parfumée et rappelle bien celle de la *Peau-de-Vache ancienne*. Le jus en est très coloré.

La *Peau-de-Vache* nouvelle rappelle bien l'*ancienne;* on pourrait même les confondre, n'étaient *l'épiderme plus rugueux*, *la fissure plus prononcée* et *l'aspect plus vieux* de celle-ci.

Elle se récolte à l'arbre avant sa maturité qu'elle n'acquiert qu'au grenier où on peut la laisser un certain temps, tout en la surveillant à cause des matières pectiques. Associée, du reste, à des pommes dépourvues de ce principe mucilagineux, elle peut être brassée très tardivement : elle est apte aux transports.

Analyse moyenne rapportée à un LITRE de JUS et à un KILO de PULPE

Densité	1071	1006.5
	gr.	gr.
Sucres réducteurs (Interverti et lévulose)	138.832	»
Saccharose	21.438	»
Sucre total exprimé en glucose fermentescible	161.397	125.713
Tannin	1.889	0.710
Matières pectiques et albuminoïdes	10.930	11.000
Acidité totale exprimée en acide sulfurique monohydraté	0.934	0.282

La *Peau-de-Vache nouvelle* comblera, bien probablement, le vide laissé par la disparition de l'ancienne variété. Sa composition chimique la place déjà parmi les meilleurs fruits; elle peut prétendre à la création d'une marque « cidre alcoolique doux et moelleux ». La difficulté sera de l'obtenir limpide, car il y a peu de tannin. Il y aurait lieu, pour y suppléer, de lui ajouter une certaine proportion d'une des variétés qui en contiennent suffisamment.

Moyennes : Poids, Volume, Densité. — Ces moyennes se rapportent à la récolte 1891. Poids : 49 grammes. Volume : 68 cc. Densité : 0,725.

Les *qualités maîtresses* de la *Peau-de-Vache nouvelle* sont : pour *l'arbre*, la *fertilité* et une *grande vigueur ;* pour *le fruit*, une *composition chimique où tous les éléments utiles*, sauf le *tannin*, se trouvent en bonne proportion pour la préparation d'une marque « cidre alcoolique doux et moelleux ». *L'arbre et le fruit ont une valeur réelle et sensiblement égale.*

PLANCHE XVIII

Fig. 35. — REINE DES POMMES

Fruit rouge, amer, très parfumé, excellent.

Historique. — Variété nouvellement connue, mais que je crois d'origine ancienne et ignorée. Elle a été dénommée ainsi par le Syndicat de la Guerche, à la suite d'une série de recherches. Elle est très répandue dans toute la Bretagne; elle mérite de l'être partout.

Synonymes. — Doux Geslin (?).

Arbre. — Rustique, sain, vigoureux, fertile. Les branches charpentières sont redressées plutôt qu'étalées, bien ramifiées. La tête est semi-verticale ou pyramidale. Floraison dans les derniers jours d'avril. Il est assez vigoureux pour être reproduit par la greffe en pied.

Fruit (Appartient à la Classe 1 : Fruits ROUGES; 3ᵉ groupe : fruits moyens; 1ʳᵉ catégorie : fruits plats ; 1ʳᵉ section : forme plate).

Fruit *plat d'aspect et de forme;* déprimé d'un côté, mamelonné, presque pentagonal. Base un *peu plus développée* que le sommet. Épiderme mi-lisse, mi-rugueux, *presque uniformément rouge carmin*, ne laissant apercevoir qu'à peine, à la partie inférieure, de minces lambeaux jaune verdâtre. Œil de grosseur moyenne, clos, à sépales d'un gris marron, dressés ou connivents dans un bassin irrégulier, tissuré, large, assez profond, renfermant quelques nodosités donnant naissance à quatre ou cinq mamelons plus ou moins accusés. Pédoncule très court, gros, inclus ou implanté dans une cavité très large et plus ou moins profonde, marbrée de gris roux. *Coupe verticale :* L'œil descend *moyennement*. Le cœur est moyen ou étroit, assez régulier, circonscrit par des courbes plutôt symétriques, émergeant à *angle droit*.

La pulpe est blanche, ferme, *très parfumée*, *très amère*, mais d'une amertume agréable. Le jus a une coloration moyenne.

La *Reine des pommes* appartient plutôt au groupe Marin-Onfroy qu'à celui de la Fréquin rouge.

Elle ne mûrit pas à l'arbre, mais au grenier, où elle peut rester longtemps à cause de la fermeté de sa pulpe. Elle est apte aux transports.

Analyse moyenne rapportée à un LITRE de JUS et à un KILO de PULPE

Densité	1082	
	gr.	gr.
Sucres réducteurs (Interverti et lévulose)	144.216	114.594
Saccharose	22.375	14.895
Sucre total exprimé en glucose fermentescible	167.368	130.272

	gr.	gr.
Tannin	5.125	4.514
Matières pectiques et albuminoïdes	8.533	4.000
Acidité totale exprimée en acide sulfurique monohydraté	0.845	1.014

La *Reine des pommes* a une composition chimique qui, si elle ne justifie pas complètement son nom quelque peu prétentieux, la place cependant dans les variétés d'élite. Bien qu'il y ait lieu d'en connaître les résultats dans des milieux différents, avant de se prononcer, on peut induire de ce qu'on en sait, qu'elle est apte à créer, à cause de son parfum très développé et de son tannin, une marque « cidre alcoolique, amer et parfumé ». Son quantum tannique la désigne aussi pour être associée, de préférence, aux fruits qui ont un arome moins agréable, aux espèces dépourvues et peu riches de ces deux éléments utiles.

La *Reine des pommes* a pour *qualités maîtresses :* pour l'*arbre*, la *vigueur* et la *fertilité;* pour le *fruit*, une *richesse tannique élevée* et un *parfum très délicat*. **Apte à créer une marque « cidre alcoolique, amer, parfumé », elle est excellente dans les mélanges.** *Le fruit prime l'arbre.*

Fig. 36. — ROSINE

Fruit rouge, doux, parfumé, très bon.

Historique. — Variété nouvelle obtenue de semis par M. Legrand, pépiniériste; très répandue dans la Seine-Inférieure, elle commence à gagner les départements limitrophes. Elle a été décrite pour la première fois dans le *Cidre*, etc.

Synonymes. — Point ou inconnus.

Arbre. — Vigoureux, sain et très fertile. Branches charpentières fortes, redressées, assez ramifiées; tête arrondie. Floraison dans les premiers jours de mai. Il vaut mieux recourir à la greffe en tête qu'à celle en pied pour le propager.

Fruit (Appartient à la Classe I : Fruits ROUGES; 3e groupe : fruits moyens; 1re catégorie : fruits plats; 1re section : forme plate).

Fruit à deux aspects : *obconique et plat;* forme *plate;* très mamelonné, oblique. Base irrégulièrement plate et arrondie, mais toujours *plus large que le sommet*, sectionnée. Épiderme fortement plaqué et surtout *vergeté* de carmin ; pointillé gris roux pâle. Œil gros, fermé, dans un bassin irrégulier, fissuré, renfermant huit à dix nodosités, dont plusieurs sont l'origine de *mamelons accusés*. Pédoncule long, mince et ligneux, implanté dans une cavité variable, plus ou moins plaquée de roux. *Coupe verticale :* L'œil ne descend *pas*. Le cœur est *très large*, limité par des courbes symétriques émergeant à *angle droit*. Loges grandes, arquées, géminées. *Coupe transversale :* Circonférence *très irrégulière*, huit à dix

PLANCHE XVIII.

35. Reine des Pommes

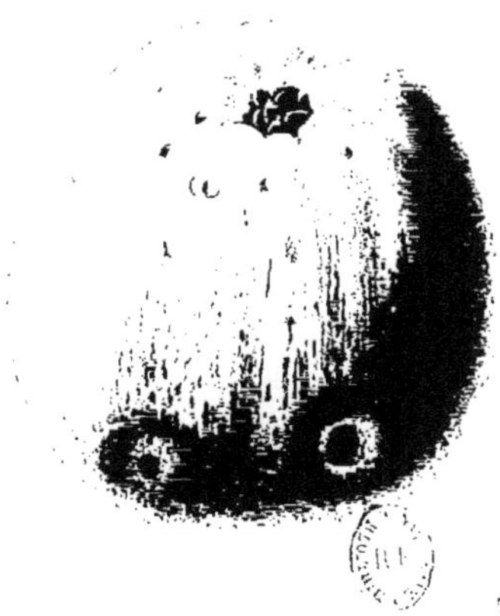

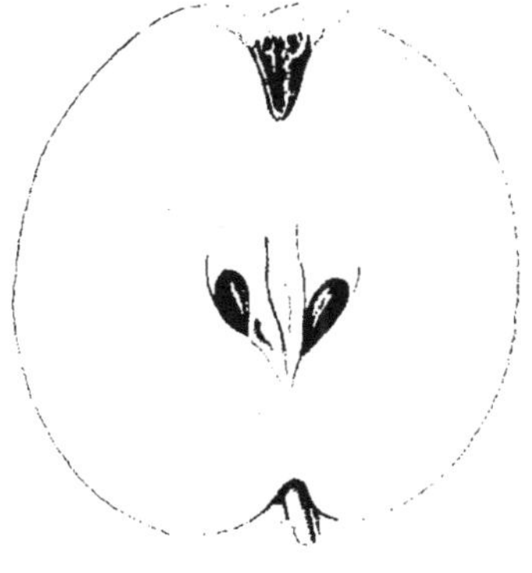

36. Rosine

A. LEFEVRE Pinxt. Lith. Monrocq

Imp. sur Zinc Monrocq à Paris

saillies bien accusées. Faisceaux sépalaires et pétalaires *peu* ou *point* anastomosés.

La pulpe est d'un blanc jaunâtre, *douce*, fine, parfumée. Le jus est de coloration supérieure à la moyenne.

La *Rosine* se rattache aux deux groupes : Fréquin et Marin-Onfroy. Elle se rapproche du premier par sa *base très développée* et son sommet rétréci ; du second, par ses *mamelons nombreux* et *saillants*, sa pulpe douce.

Comme toutes les pommes de cette classe, elle ne mûrit qu'au grenier où il ne faut pas la garder aussi longtemps, cependant, car c'est une troisième hâtive. Il ne faut pas dépasser la fin de décembre.

Analyse moyenne rapportée à un litre de JUS

Densité	1064
	gr.
Sucres réducteurs (Interverti et lévulose)	105.882
Saccharose	29.129
Sucre total exprimé en glucose fermentescible	136.544
Tannin	1.160
Matières pectiques et albuminoïdes	9.000
Acidité totale exprimée en acide sulfurique monohydraté	1.440

La composition chimique de cette variété la met au-dessus de la moyenne, tout en la laissant au-dessous des pommes d'élite ; mais elle convient très bien pour la préparation d'un cidre « marque doux et moelleux ». On pourrait aussi, en lui associant une certaine proportion de *Reine des pommes*, lui redonner un peu de tannin dont elle manque ; toutefois, il ne le faut faire qu'avec prudence.

Moyennes : Poids, Volume, Densité. — Ces moyennes se rapportent à des fruits de la récolte 1890. Poids : 54 grammes. Volume : 72 cc. Densité : 0,755.

Les *qualités maîtresses* de la *Rosine* sont : pour l'*arbre*, la *vigueur* et une *grande fertilité ;* pour le *fruit*, une composition moyenne qui la désigne bien pour une marque « cidre doux et moelleux ». *L'arbre et le fruit ont une valeur sensiblement égale.*

PLANCHE XIX

Fig. 37. — ROUSSE-LATOUR

Fruit gris-roux, doux, excellent.

Historique. — Variété ancienne, d'origine inconnue, mais que j'ai dénommée « Rousse-Latour » en 1891, à la suite d'analyses effectuées pendant trois récoltes consécutives (Voir : *Guide pratique*, etc., pages 148-156).

Synonymes. — Inconnus, s'il en existe.

Arbre. — Rustique, sain, vigoureux, fertile. Branches charpentières assez grosses avec une direction plutôt verticale, qui donne à la tête une forme pyramidale. Floraison fin mai ou dans les premiers jours de juin. Il est préférable de le propager par la greffe en tête, plutôt que par celle en pied.

Fruit (Appartient à la Classe V : Fruits GRIS ROUX ; 3ᵉ groupe : fruits moyens ; 1ʳᵉ catégorie : fruits plats ; 2ᵉ section : deux formes, plate et conique). — Fruit peu irrégulier, faiblement mamelonné, présentant deux aspects et *deux formes : plate et conique.* Base mi-aplatie, mi-arrondie, *plus développée* que le sommet du fruit. Épiderme *rugueux*, vert jaunâtre, mais *très plaqué et marbré de gris pâle* qui revêt le fruit comme d'une sorte de *masque*, surtout aux deux parties extrêmes ; lavé de carmin ou de rouge brique. Œil gros, fermé, dans un bassin large, profond, irrégulier, plus ou moins fissuré, lavé sur le pourtour d'une teinte et de stries gris roux, renfermant de légères nodosités ne se poursuivant que rarement au delà. Pédoncule très court, gros, souvent *caronculaire* et même soudé à la base par un lambeau de pulpe, inséré dans une cavité étroite, irrégulière, fissurée, peu profonde et, dans tous les cas, plaquée de la nuance générale sur laquelle tranche une autre un peu plus vive. *Coupe verticale :* L'œil descend *peu* ou *moyennement ;* le cœur, peu régulier, est étroit, limité par des courbes presque symétriques émergeant le plus souvent à *angle droit. Coupe transversale :* Circonférence légèrement irrégulière présentant cinq ou six saillies plus ou moins prononcées; faisceaux sépalaires et pétalaires *anastomosés.*

La pulpe est *très ferme*, d'un blanc verdâtre à la périphérie et blanc jaunâtre au centre, moyennement parfumée, *peu juteuse.* Le jus est peu coloré, au-dessous de la moyenne.

La *Rousse-Latour* se récolte au début de novembre et se conserve très longtemps au grenier. La sécheresse de sa pulpe lui permet les transports, mais il faut veiller avec soin si l'on veut la brasser seule ; la prudence exigerait même, dans ce cas, qu'on l'employât dès le mois de décembre. Au reste, c'est une troisième hâtive qui possède un long coefficient de garde.

Analyse moyenne rapportée à un LITRE de JUS et à un KILO de PULPE

Densité	1089	1007.5
	gr.	gr.
Sucres réducteurs (Interverti et lévulose)	154.228	128.029
Saccharose	28.092	16.454
Sucre total exprimé en glucose fermentescible	184.567	145.379
Tannin	1.340	0.698
Matières pectiques et albuminoïdes	18.230	12.572
Acidité totale exprimée en acide sulfurique monohydraté	1.837	0.771

Analyse CENTÉSIMALE du JUS et de la PULPE (moyennes)

	gr.	gr.
Eau de végétation et principes volatils à + 100°	79.753	74.486
Sucres réducteurs (Interverti et lévulose)	14.161	12.802
Saccharose	2.577	1.645
Tannin	0.123	0.069
Matières pectiques et albuminoïdes	1.674	1.257
Acidité en acide malique	0.230	0.105
Sels et divers	1.482	»
Marc épuisé, séché à 100° ; sels et divers	»	9.636
	100.000	100.000

La composition chimique de la *Rousse-Latour* est bien celle d'un fruit d'élite. Elle manque de tannin, il est vrai, et se montre, par contre, riche en matières pectiques ; mais il est facile d'y remédier par un brassage opportun avec des fruits à quantum tannique élevé. C'est la raison pour laquelle je n'en conseillerai pas l'emploi seule pour la préparation d'une marque. Je crois préférable de la réserver pour la production de l'eau-de-vie de cidre, à moins de la faire entrer, en proportion déterminée, dans des mélanges dont la Binet et la Bédan composeront la plus grande partie.

Coefficient de déperdition. — Un kilogramme de fruits assortis a perdu 350 grammes en 75 jours, ce qui donne 4 gr. 66 par jour.

Moyennes : Poids, Volume, Densité. — Ces moyennes sont rapportées à la récolte 1890. Poids : 47 gr. Volume : 58 cc. Densité : 0,800.

Les *qualités maîtresses* de la *Rousse-Latour* sont : pour l'*arbre*, *rusticité* et *fertilité ;* pour le *fruit*, une *densité* et une *richesse saccharine élevées*. Son meilleur emploi, seule, est la *production de l'eau-de-vie de cidre. Le fruit prime l'arbre.*

Fig. 38. — ROUSSE DE L'ORNE

Fruit gris-roux, doux, excellent.

Historique. — Variété ancienne, d'origine inconnue, très répandue dans les départements de l'Orne et de la Sarthe, où elle est très estimée.

Synonymes. — Greffe à Philbert.

Arbre. — Rustique, sain, très vigoureux. Branches charpentières fortes, relevées, mais tendant à s'abaisser avec l'âge. Tête semi-pyramidale, semi-

PLANCHE XIX.

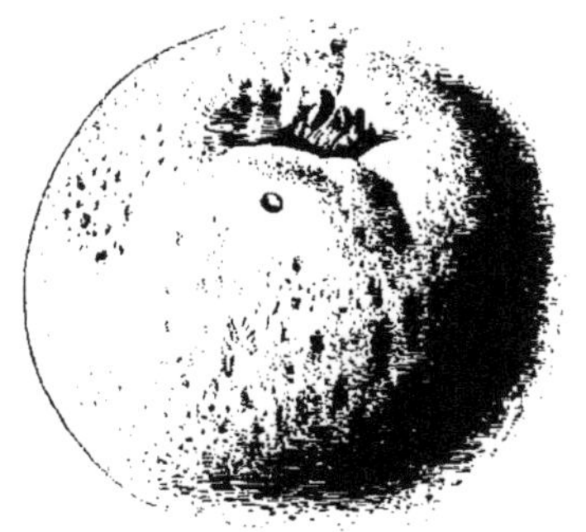

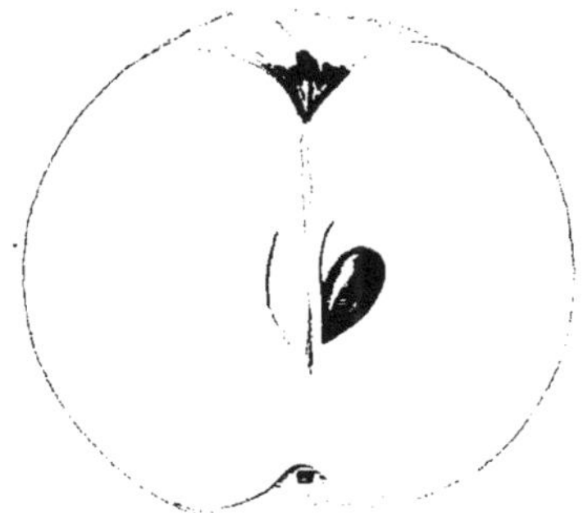

37. Rousse Latour

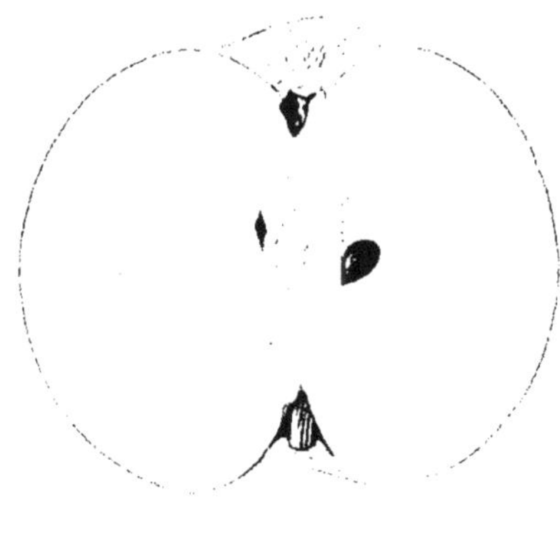

38. Rousse de l'Orne

A. LEFEVRE Pinx.[t] Lith. Monrocq

Imp. sur Zinc Monrocq à Paris

arrondie. Il est préférable d'une façon générale de recourir à la greffe en tête pour le propager. Floraison fin mai ou début de juin.

Fruit (Classe V : Fruits gris-roux; 3e groupe : fruits moyens; 1re catégorie : fruits plats; 1re section : forme plate). — Fruit irrégulier, *plat d'aspect et de forme*, très *mamelonné*, parfois côtelé. Base *plate*, *rétrécie*, souvent sectionnée. Épiderme vert jaunâtre, lavé, marbré, plaqué sur les trois quarts de la surface de gris roux pâle, rugueux, nuancé de carmin ou de rouge-brique du côté du soleil; l'enchevêtrement de ces deux teintes est bien caractéristique. Œil gros, ouvert ou entr'ouvert, à sépales de moyenne largeur, gris roux, dressés ou connivents; inséré dans un bassin très irrégulier, fissuré, large, très profond, pourvu de 8 à 10 plis qui donnent naissance à des mamelons accusés au départ et dont plusieurs se continuent jusqu'à la base qu'ils sectionnent souvent; pourtour entouré de stries prurientes de nuance plus sombre. *Coupe verticale :* L'œil descend *profondément;* le cœur est *étroit* plutôt que moyen, limité par des courbes assez symétriques émergeant *généralement à angle droit*. Loges étroites, très arquées, souvent géminées. *Coupe transversale :* Circonférence très irrégulière présentant 5-8 saillies bien accusées. Faisceaux sépalaires et pétalaires *irrégulièrement* anastomosés.

La pulpe est très *ferme*, dure même, douce, peu parfumée. Le jus a une coloration assez variable, tantôt au-dessous, tantôt au-dessus de la moyenne, mais le plus souvent inférieur, ainsi que la majorité des fruits roux ou gris-roux.

La *Rousse de l'Orne* ne mûrit pas ses fruits à l'arbre; il lui faut le grenier, où elle peut rester longtemps, son coefficient de garde étant très grand; elle élabore aussi un peu moins de matières pectiques que beaucoup d'autres espèces de cette classe, pendant cette période de conservation; elle supporte très bien les transports.

Analyse moyenne rapportée à un litre de JUS et à un KILO de PULPE

Densité	1093	1009
	gr.	gr.
Sucres réducteurs (Interverti et lévulose)	163.432	145.160
Saccharose	23.161	7.912
Sucre total exprimé en glucose fermentescible	187.812	153.488
Tannin	0.772	0.696
Matières pectiques et albuminoïdes	8.300	7.800
Acidité totale exprimée en acide sulfurique monohydraté	1.507	1.480

Analyse CENTÉSIMALE du JUS et de la PULPE

	gr.	gr.
Eau de végétation et principes volatils à + 100°	79.000	77.130
Sucres réducteurs (Interverti et lévulose)	14.970	14.516
Saccharose	2.119	0.791
Tannin	0.070	0.069
Matières pectiques et albuminoïdes	0.759	0.780
Acidité totale exprimée en acide malique	0.188	0.202
Sels et divers	2.894	»
Marc épuisé, séché à 100° ; sels et divers	»	6.714
	100.000	100.000

La *Rousse de l'Orne* appartient par sa composition chimique aux variétés d'élite, tout comme la *Rousse-Latour.* Elle s'en distingue, cependant, par une *richesse saccharine* un peu plus élevée et surtout par une diminution dans sa teneur en matières pectiques, ce qui permet de l'employer dans la création d'une marque de cidre « alcoolique doux et moelleux ». Toutefois, comme elle manque de tannin, on pourrait l'associer à une proportion déterminée de Bédan et de Reine des pommes. Inutile d'ajouter qu'elle sera toujours d'un emploi rémunérateur pour la production de l'eau-de-vie de cidre.

Coefficient de déperdition. — Un kilogramme de fruits assortis a perdu 124 grammes en 39 jours, ce qui donne 3 gr. 17 par jour.

Moyennes : Poids, Volume, Densité. — Ces moyennes se rapportent à la récolte 1890. Poids : 44 gr. Volume : 53 cc. Densité : 0,837.

Les *qualités maîtresses* de la *Rousse de l'Orne* sont : pour l'arbre, une *vigueur et une fertilité très grandes ;* pour le *fruit*, une *richesse saccharine très élevée*, un pourcentage suffisant de matières pectiques et d'acidité; seul, le tannin manque, mais telle quelle cette variété est capable de fournir une marque « cidre alcoolique doux et moelleux ». L'addition de la Bédan et de la Reine des pommes ne peut que produire de bons résultats. Elle se prête bien aux transports. *Le fruit prime l'arbre.*

PLANCHE XX

Fig. 39. — SUIE DE L'ORNE (PETITE)

Fruit jaune-verdâtre, très amer, assez parfumé, bon.

Historique. — Variété très ancienne, d'origine inconnue, dont il existe plusieurs types, tant dans le pays d'Auge que dans le département de l'Orne. Mentionnée par plusieurs pomologues, elle n'a été décrite par aucun. C'est dans l'Orne qu'elle est le plus répandue.

Synonymes. — Point ou inconnus.

Arbre. — Rustique, sain, vigoureux, fertile. Branches charpentières assez grosses et divergentes. Tête arrondie. Floraison, 2ᵉ quinzaine de mai. Il est préférable de recourir à la greffe en tête pour le propager.

Fruit (Classe IV : Fruits jaune-verdâtre ; 2ᵉ ou 3ᵉ groupe : fruits petits ou moyens ; 1ʳᵉ catégorie : fruits plats ; 2ᵉ section : 2 formes, plate et conique). — Épiderme vert *jaunâtre* ou inversement, parsemé d'un pointillé gris-roux pâle, ne se réunissant guère en marbrures, lavé ou plaqué de rouge-brique sur quelques fruits seulement. Deux aspects et *deux formes :* plate et conique. Base *variable, généralement rétrécie ;* parfois cependant un peu plus développée que le sommet du fruit. Œil gros, ouvert, dans un bassin irrégulier, peu profond, tantôt presque à fleur de tête, renfermant quelques plis, amorces de mamelons mal définis. Pédoncule court le plus souvent, gros, très renflé à sa partie extrême, inséré dans une cavité assez régulière, étroite, peu profonde, qu'il remplit presque entièrement, peu ou point tapissée de gris-roux. *Coupe verticale :* L'œil descend très *profondément.* Le cœur, assez variable, est plutôt *petit* que moyen, peu irrégulier, inscrit dans des courbes symétriques, très renflées au point d'émergence qui a lieu à *angle droit*, et s'amincissant beaucoup à leur sommet. Loges petites et étroites. *Coupe transversale :* Circonférence très irrégulière, cinq à sept saillies, parfois fortement accusées. Faisceaux sépalaires et pétalaires *irrégulièrement anastomosés.*

La pulpe est blanche, *ferme*, *très amère*, moyennement parfumée. Le jus, de coloration variable, est le plus souvent inférieur à la moyenne.

La *Petite Suie de l'Orne* est difficile à bien rattacher. Elle n'offre, au point de vue extérieur, aucune affinité avec la Suie du pays d'Auge, bien qu'elle soit *amère* comme elle. Bon nombre de fruits se rapprochent davantage de la Cimetière de Blangy. Elle n'atteint sa maturité qu'au grenier, où elle peut rester très longtemps, jusqu'en février ou mars. Toutefois, comme elle n'est pas très juteuse, il faut la surveiller afin de n'attendre point trop longtemps pour en retirer un rendement dérisoire. Elle supporte bien les transports.

Analyse moyenne rapportée à un litre de JUS

Densité	1075
	gr.
Sucres réducteurs (Interverti et lévulose)	116.600
Saccharose	40.376
Sucre total évalué en glucose fermentescible	159.101
Tannin	6.860
Matières pectiques et albuminoïdes	8.166
Acidité totale exprimée en acide sulfurique monohydraté	1.641

Cette variété possède une heureuse combinaison des éléments utiles; le tannin s'y trouve même à une dose très élevée, et c'est ce qui a justifié à nos yeux son admission dans cet *Atlas;* mais précisément sa teneur en tannin m'empêche d'en conseiller l'emploi pour la création d'une marque de cidre. Je la réserverai pour les mélanges.

Coefficient de déperdition. — Un kilogramme de fruits assortis a perdu 160 grammes en 77 jours, ce qui donne 2 gr. 07 par jour.

Moyennes : Poids, Volume, Densité. — Ces moyennes se rapportent à la récolte **1891**. Poids : 34 grammes. Volume : 46 cc. Densité : 0,739.

Les *qualités maîtresses* de la *Suie de l'Orne* sont : pour *l'arbre*, une *fertilité* et une *vigueur assez grandes;* pour le *fruit*, un *pourcentage bien proportionné* des éléments utiles, parmi lesquels le *tannin* figure à une dose très élevée, ce qui la réserve plus particulièrement pour les mélanges avec des sortes peu pourvues de ce principe. *Le fruit prime l'arbre.*

Fig. 40. — POMME DE VIMONT

Fruit gris-roux ou jaune-roux, amer, excellent.

Historique. — Variété ancienne, d'origine inconnue, très répandue dans le département de la Manche et dans quelques communes de l'Orne et du Calvados ; elle mérite de l'être beaucoup plus.

Synonymes. — Point ou inconnus.

Arbre. — Rustique, sain, vigoureux, fertile. Branches charpentières fortes, divergentes, étalées ou à demi redressées; tête mi-arrondie, mi-pyramidale. Floraison dans la dernière quinzaine d'Avril ou dans les premiers jours de Mai. Bien qu'il puisse être propagé par les deux genres de greffe, celle en tête est préférable.

Fruit. — Moyen ou gros, présentant deux aspects : *plat* le plus répandu et obconique; *forme plate*, souvent irrégulier, oblique par suite de la dépression d'un côté, *très mamelonné*, parfois côtelé. Base plus développée que le sommet. Épiderme jaune-verdâtre ou inversement, mi-lisse et mi-rugueux, plaqué et marbré de gris roux sur les 3/4 du fruit, faiblement lavé de rouge-brique du

PLANCHE XX.

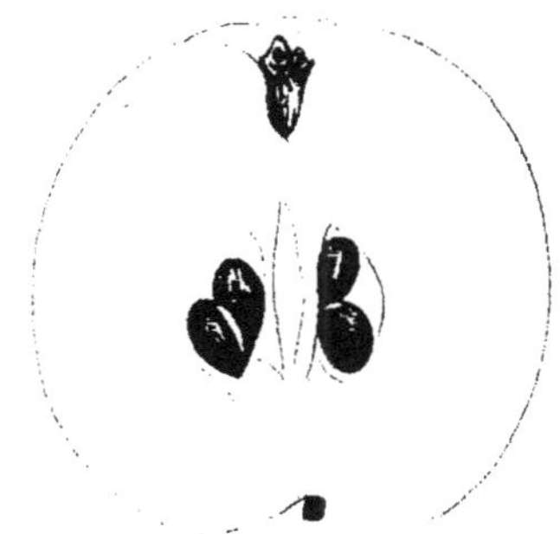

39. Suie (Petite)

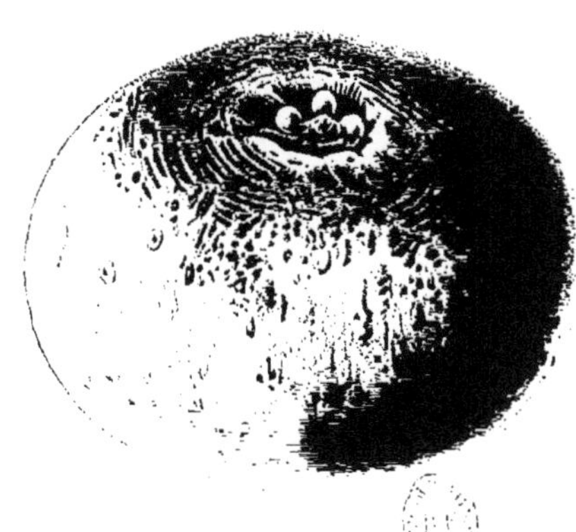

40. Vimont (de)

A. LEFEVRE Pinx.t

Lith. Monrocq

Imp. sur Zinc Monrocq à Paris

côté du soleil. Œil petit, tantôt fermé, tantôt ouvert, à sépales très courts, gris marron, connivents ou dressés, dans un bassin irrégulier, plus souvent large, fissuré et profond qu'étroit et à fleur de tête, mais pourvu dans les deux cas de nervures ou de nodosités très saillantes variant de 4 à 10 et ne servant guère d'amorces aux mamelons qui, accusés à leur départ, diminuent rapidement et n'atteignent que rarement la base. Pédoncule *court*, de moyenne grosseur, renflé à son extrémité, implanté dans une cavité *très étroite*, assez régulière quoique assez souvent bifide, généralement plaquée de roux sur lequel ressortent des stries de nuance plus vive. *Coupe verticale :* L'œil descend *profondément*. Le cœur est *très étroit*, irrégulier, limité par des courbes asymétriques émergeant *en ovale*. *Coupe transversale :* Circonférence *très irrégulière*, présentant cinq saillies bien accusées ; faisceaux sépalaires et pétalaires *très anastomosés ;* le mésocarpe renferme de nombreux fragments de faisceaux.

La pulpe est blanche au centre et blanc verdâtre à la périphérie, *amère*, moyennement parfumée, et laisse au palais une saveur acidulée. Elle présente quelques affinités avec la Cardon, du pays d'Auge, dont elle se distingue surtout par son *irrégularité* et ses mamelons *plus prononcés ;* son sommet plus aplati ou plus tronqué. Le jus est plutôt au-dessous qu'au-dessus de la moyenne de la coloration.

La *Pomme de Vimont* n'acquiert sa maturité complète qu'au grenier, où elle peut rester très longtemps. Elle subit bien les transports.

Analyse moyenne rapportée à un litre de JUS

Densité	1084
	gr.
Sucres réducteurs (Interverti et lévulose)	144.497
Saccharose	25.500
Sucre total exprimé en glucose fermentescible	171.272
Tannin	5.545
Matières pectiques et albuminoïdes	9.800
Acidité totale en acide sulfurique monohydraté	1.635

Cette variété a une composition chimique très élevée pour une pomme ancienne ; elle pourrait concourir à la création d'une marque « cidre alcoolique amer » ; mais il est préférable de la réserver pour les mélanges ou pour la production de l'eau-de-vie de cidre.

Moyennes : Poids, Volume, Densité. — Ces moyennes se rapportent à des fruits de la récolte 1894. Poids : 55 grammes. Volume : 79 cc. Densité : 0,695.

Les *qualités maîtresses* de la *Pomme de Vimont* sont : pour *l'arbre*, *vigueur* et *fertilité ;* pour le *fruit*, une *composition analytique comparable* aux meilleures variétés et surtout une *teneur en tannin très élevée*. Son meilleur emploi réside dans les mélanges ou dans la production de l'eau-de-vie de cidre. *Le fruit prime l'arbre.*

CHAPITRE II

DU MÉLANGE RATIONNEL DE CES VARIÉTÉS POUR LA PRÉPARATION DU CIDRE

La majorité de ces variétés, sinon toutes, conviendrait, comme je l'ai indiqué au cours des Monographies ci-dessus, pour la préparation de différentes *marques de cidres* répondant à des propriétés organoleptiques bien déterminées; cependant, comme certaines d'entre elles pourraient heurter les goûts discutables, je le sais, des habitants des villes, mais respectés jusqu'ici et même flattés, je n'ose trop y pousser, quoique je sois convaincu que le succès couronnerait cette initiative hardie, et je ne relaterai ci-dessous que : 1° les noms des fruits pour l'emploi desquels nulle crainte n'est à redouter; 2° la proportion dans laquelle il convient de les associer pour en retirer le meilleur résultat.

A. — Variétés de PREMIÈRE saison

Marque à créer sûrement : BLANC-MOLLET, cidre amer-doux, parfumé.

Mélange pour la préparation d'un cidre excellent

Blanc-Mollet, 1/3; Doux-Evêque précoce, 1/3; Précoce-David, 1/3.

B. — Variétés de DEUXIÈME saison

Marques à créer sûrement : BINET rouge, cidre amer-doux, très parfumé.
— — BOUTTEVILLE (de), cidre amer-doux, alcoolique et très parfumé.
— — BRAMTOT, cidre amer-alcoolique parfumé.
— — DOUX-NORMANDIE, cidre doux-alcoolique, parfumé.
— — JOLY rouge, cidre doux, moelleux et parfumé.
— — MATOIS rouge (gros), cidre amer-doux, alcoolique et très parfumé.

Mélanges des secondes hâtives		Mélanges des secondes tardives	
1er	2e	1er	2e
1/5 Bisquet.	1/5 Bramtot.	1/5 Bataille.	1/5 Binet rouge.
2/5 Bramtot.	1/5 Joly rouge.	1/5 Bérat.	1/5 Boutteville (de).
1/5 Cimetière.	1/5 Citron.	1/5 Doux-Normandie.	2/5 Doux-Normandie.
1/5 Launette jaune.	1/5 Ploërmelaise (la).	1/5 Matois rouge (gros).	1/5 Godard.
	1/5 Rossignol.	1/5 Médaille d'or.	

Le meilleur mélange parmi les hâtives.	Le meilleur mélange parmi les tardives.	Le meilleur mélange pris dans toutes ces variétés.
3/10 Bramtot.	3/10 Binet rouge.	2/10 Binet rouge.
1/10 Cimetière.	1/10 Boutteville (de).	1/10 Boutteville (de).
3/10 Joly rouge.	3/10 Doux-Normandie.	2/10 Bramtot.
1/10 Citron.	2/10 Matois rouge.	2/10 Doux-Normandie.
2/10 Rossignol.	1/10 Godard.	2/10 Joly rouge.
		1/10 Matois rouge (gros).

C. — Variétés de TROISIÈME saison

Marques à créer sûrement : BÉDAN, cidre amer, alcoolique, sec et très parfumé.
— — BINET, cidre doux, alcoolique sec, parfumé.
— — FRÉQUIN-Audièvre, cidre amer-doux, alcoolique et très parfumé.
— — MARIN-ONFROY, cidre doux-amer, moelleux, parfumé.
— — MEAUGRIS, cidre amer-doux, alcoolique et très parfumé.
— — REINE des POMMES, cidre doux-amer, alcoolique et très parfumé.

Mélanges des troisièmes hâtives.		Mélanges des troisièmes tardives.	
1er	2e	1er	2e
2/10 Amer-doux d'hiver.	2/10 Doux-Véret (petit).	3/10 Bédan.	1/10 Fréquin tardif.
2/10 Amère de Surville.	2/10 Fréquin-Audièvre.	2/10 Grise-Dieppois.	3/10 Reine des Pommes
3/10 Binet blanche.	1/10 Marin-Onfroy.	2/10 Meaugris.	3/10 Rousse de l'Orne.
2/10 Bouteille.	2/10 Muscadet (petit).	1/10 Michelin.	1/10 Suie (petite).
1/10 Gerbaudais.	1/10 Peau-de-Vache nouvelle.	2/10 Rousse-Latour.	2/10 Vimont (de).
	2/10 Rosine.		

Le meilleur mélange parmi les hâtives.	Le meilleur mélange parmi les tardives.	Le meilleur mélange pris dans toutes ses variétés.
2/10 Binet blanche.	2/10 Bédan.	2/10 Bédan.
2/10 Doux-Véret (petit).	2/10 Grise-Dieppois.	1/10 Binet.
3/10 Fréquin-Audièvre.	1/10 Meaugris.	2/10 Fréquin-Audièvre.
1/10 Marin-Onfroy.	3/10 Reine des Pommes.	1/10 Grise-Dieppois.
1/10 Peau-de-Vache commune.	1/10 Rousse-Latour (ou de l'Orne).	2/10 Reine des Pommes.
1/10 Rosine.	1/10 Vimont (de).	2/10 Rousse-Latour (ou de l'Orne).

Il convient, en outre, d'ajouter, aux marques des variétés de seconde saison, celle qui serait préparée avec les pommes de ce groupe constituant le meilleur mélange, sous le nom de marque « d'ÉLITE de deuxième saison » ; et, aux marques de la troisième saison, celle qui résulterait dans les mêmes conditions des variétés composant le meilleur mélange de ce groupe ; elle serait appelée « marque d'ÉLITE de troisième saison ».

CHAPITRE III

DE LA RÉPARTITION DES VARIÉTÉS POUR LA COMPOSITION D'UN VERGER DE MILLE POMMIERS

Il importe de répartir les variétés : 1° d'après la saison à laquelle elles appartiennent; 2° proportionnellement à leur valeur spéciale et aux résultats qu'on veut en obtenir.

Dans cet ordre d'idées, je distribue les 1000 pommiers, entre les trois saisons, de la façon suivante :

1re saison : 75 arbres; 2e saison : 400; 3e saison : 525.

Et le nombre d'arbres de chaque saison, comme il suit :

PREMIÈRE SAISON : 75 ARBRES.

30 Blanc-Mollet. 20 Doux-Évêque précoce 25 Précoce-David = 75.

DEUXIÈME SAISON : 400 ARBRES.

15 Bataille.	25 Bisquet.	30 Cimetière.	20 Godard.
15 Bérat.	30 Boutteville (de).	20 Citron.	40 Joly rouge.
40 Binet rouge.	30 Bramtot.	30 Doux-Normandie.	20 Launette jaune.
20 Matois rouge (gros).	25 Médaille d'or.	20 Ploërmelaise (la).	20 Rossignol = 400.

TROISIÈME SAISON = 525.

15 Amer-doux d'Hiver.	30 Fréquin-Audièvre.	25 Michelin.	25 Rousse de l'Orne.
15 Amère de Surville.	15 Fréquin tardif.	25 Muscadet (petit).	15 Suie (petite).
40 Bédan.	15 Gerbaudais.	25 Peau-de-vache nouv.	25 Vimont (de).
40 Binet blanche.	30 Grise-Dieppois.	40 Reine des Pommes.	= 525.
20 Bouteille.	20 Marin-Onfroy.	30 Rosine.	
25 Doux-Vérel (petit).	25 Meaugris.	25 Rousse-Latour.	

Bien que cette répartition me semble absolument rationnelle, il ne s'ensuit pas qu'elle ne puisse subir quelques modifications selon les centres cidriers, ou en raison des résultats commerciaux qu'on se propose de réaliser. Dans tous les cas, je suis convaincu qu'on ne devra point s'en écarter beaucoup, et, pour terminer, je souhaite vivement que la lecture de ces Monographies inspire à quelques agriculteurs épris de progrès l'idée de mettre en pratique les *marques des cidres divers* que j'ai mentionnées plus haut; car, bien présentées, caractérisées par un liquide limpide, blond doré, corsé et moelleux, savoureux et doué du parfum de la pomme mûre à point, elles feraient plus pour la propagation du cidre que les ouvrages les mieux documentés !

TABLE DES MATIÈRES

Paris. — Imprimerie F. Levé, rue Cassette, 17.

www.ingramcontent.com/pod-product-compliance
Ingram Content Group UK Ltd.
Pitfield, Milton Keynes, MK11 3LW, UK
UKHW022110190726
13855UKWH00002B/768

9 782013 043670